高职高专艺术设计类专业系列教材

JINGGUAN SHEJI

景观设计

高 卿 编著

重庆大学出版社

图书在版编目（CIP）数据

景观设计 / 高卿编著. -- 重庆：重庆大学出版社，
2018.6（2023.1重印）
高职高专艺术设计类专业系列教材
ISBN 978-7-5689-0775-0

Ⅰ.①景… Ⅱ.①高… Ⅲ.①景观—园林设计—高等
职业教育—教材 Ⅳ.①TU986.2

中国版本图书馆CIP数据核字（2018）第014884号

高职高专艺术设计类专业系列教材

景观设计
JINGGUAN SHEJI

高　卿　编著
策划编辑：席远航　张菱芷　蹇　佳
责任编辑：杨　敬　　版式设计：席远航
责任校对：秦巴达　　责任印制：赵　晟

重庆大学出版社出版发行
出版人：饶帮华
社址：重庆市沙坪坝区大学城西路21号
邮编：401331
电话：（023）88617190　88617185（中小学）
传真：（023）88617186　88617166
网址：http：//www.cqup.com.cn
邮箱：fxk@cqup.com.cn（营销中心）
全国新华书店经销
重庆五洲海斯特印务有限公司印刷

开本：787mm×1092mm　1/16　印张：11.25　字数：351千
2018年6月第1版　　2023年1月第3次印刷
印数：3 001—5 000
ISBN　978-7-5689-0775-0　　定价：68.00元

序

　　我国人口近14亿，如何提高人口素质，把巨大的人口压力转变成人力资源的优势，是建设资源节约型、环境友好型社会，实现经济发展方式转变的关键。高职教育承担着为各行各业培养、输送与行业岗位相适应的高技能人才的重任。大力发展职业教育有利于改善经济结构，有利于转变经济增长方式，是实施"科教兴国，人才强国"战略的有效手段，是推进新型工业化进程的客观需要，是我国在经济全球化条件下日益激烈的综合国力竞争中得以制胜的必要保障。

　　高等职业教育艺术设计教育的教学模式满足了工业化时代的人才需求，专业的设置、衍生及细分是应对信息时代的改革措施。然而，在中国经济飞速发展的过程中，中国的艺术设计教育却一直在被动地跟进。未来的学习，将更加个性化、自主化，因为吸收知识的渠道遍布每个角落；未来的学校，将更加注重引导和服务，因为学生真正需要的是目标的树立与素质的提升。在探索过程中，如何提出一套具有前瞻性、系统性、创新性、具体性的课程改革方法成为值得研究的话题。

　　进入21世纪的第二个十年，基于云技术和物联网的大数据时代已经深刻而鲜活地来到我们面前。当前的艺术设计教育体系将被重新建构，同时也被赋予新的生机。本套教材集合了一大批具有丰富市场实践经验的高校艺术设计教师作为编写团队，在充分研究设计发展历史和设计教育、设计产业、市场趋势的基础上，不断梳理、研讨、明确当下高职教育和艺术设计教育的本质与使命。

　　曾几何时，我们在千头万绪的高职教育实践活动中寻觅，在浩如烟海的教育文献中求索，矢志找到破解高职毕业设计教学难题的钥匙。功夫不负有心人，我们的视界最终聚合在三个问题上：一是高职教育的现代化。高职教育从自身的特点出发，需要在教育观念、教育体制、教育内容、教育方法、教育评价等方面不断进行改革和创新，才能与中国社会现代化发展同步。二是创意产业的发展和高职艺术教育的创新。创意产业作为文化、科技和经济深度融合的产物，凭借其独特的产业价值取向、广泛的覆盖领域和快速的成长方式，被公认为21世纪全球最有前途的产业之一。从创意产业发展的视野，谋划高职艺术设计和传媒类专业教育改革和发展，才能实现跨越式的发展。三是对高等职业教育本质的反省，即从"高等""职业""教育"三个关键词出发，高等职业教育必须为学生的职业岗位能力和终身发展奠基，必须促进学生职业能力的养成。

　　在这个以科技、人才为支撑的竞争激烈的新时代，要艺术设计类专业学生用镜头和画面、用线条和色彩、用刻刀与笔触、用创意和灵感，点燃创作的火花，在创新与传承中诠释职业教育的魅力。

重庆工商职业学院传媒艺术学院院长

教育部高职艺术设计教学指导委员会委员

徐 江

前言

　　随着人们生活水平的不断提高，人们对居住环境的质量要求越来越高，国内设计市场对景观设计人才的需求不断增大，设置景观设计专业和开设景观设计类相关课程的高职院校也越来越多。但不同性质的学校设置的景观设计专业侧重点各不相同，专业名称有所区别，设置的课程也不尽相同。当前相关教材及参考用书不少，但有些偏重于理论，有些又偏重于实践，将两者紧密结合起来的甚少，因此很难作为教材。

　　本书作者高卿具有丰富的理论及实践经验，在编著的过程中将理论与实践两者紧密结合，系统阐述了园林景观设计的基础知识，包括园林景观设计中外发展概述，景观设计绘图技巧，空间、水景、地区的造景特点与营造方法等，引入小庭院、生态城市广场、滨江公园、居住小区等典型案例的分析并进行成果展示。本书在编著过程中有以下几点创新之处：一是采用项目教学法，分模块进行编写，针对每个景观设计要素，将实际项目引入教学环节，穿插经典案例，讲解设计理念、设计方法、设计步骤。二是注重理论环节和实践训练环节的讲解，理论部分精练、够用，实践部分案例有代表性，突出对学生实践技能的培养。三是针对每个项目都有完整的设计流程，包括任务目标、任务要求、知识链接、任务实施和学生考核评定标准，为教师授课提供了很好的参考。同时，该教材穿插了大量的图片、国内外经典设计作品和实际的工程案例文本，有助于读者开阔视野。

　　高等职业教育是以人才培养质量为重点，以就业和社会需求为导向，培养学生的就业能力以及走上职业岗位之后的可持续发展能力。高卿编著的《景观设计》一书帮助读者建立完整的景观理论框架和知识体系，领会景观设计的思考逻辑，掌握景观设计的方法，从而具备景观设计能力。本书既可以作为景观设计专业师生及从业人员使用的专业教材，也是面向普通读者系统介绍景观设计基础知识的普及型教材。

　　在教材出版之际，感谢华中科技大学景观设计研究所的大力支持，使本教材实际体现了高等职业教育景观设计专业的发展水平。本教材在编写过程中难免存在一些问题，有不当之处，恳请广大师生与专家提出宝贵意见，以便再版时更正。

目录

项目模块1
景观设计概论

任务目标

掌握中国古典园林的发展历史及各个历史阶段的建园特点。
掌握欧美园林的园林特点。
掌握日本园林的园林特点。

任务要求

了解中国古典园林、欧美园林、日本园林的基本概念，掌握现代景观设计的发展趋势。

知识链接

中国古典园林的设计特点。
意大利园林的设计特点。
法国园林的设计特点。
美国园林的设计特点。
英国园林的设计特点。
日本园林的设计特点。
现代园林的发展趋势。

任务实施

比较中西方园林的差异（2学时）。
掌握现代景观的发展趋势 （2学时）。

景观设计发展历史和现状

1.1.1 中国古典园林概述

　　把我国园林艺术约3 000年的历史进行划分的话，大致可分为以下阶段：商朝，产生了园林的雏形——囿；秦汉，由囿发展到苑；唐宋，由苑到园；明清，则为我国古典园林的极盛时期。

1）园林的最初形式——商朝的囿

　　在古代，当生产力发展到一定的历史阶段，上层建筑的社会意识形态与文化艺术等开始达到比较发达的阶段，这时才有可能兴建和从事以游乐休息为主的园林建筑。在商朝的甲骨文中已经有了园、圃、囿等字，其中囿最具有园林的性质。在商朝末年和周朝初期，不但"帝王"有囿，下面的奴隶主也有囿，只不过在规模大小上有所区别。在商朝奴隶社会，奴隶主盛行狩猎取乐，如殷朝的帝王为了游猎和牧畜，专门种植刍秣和圈养动物，并有专人经营管理。所以，我国园林的兴建是从殷周开始的。囿是园林的雏形，而且这种园林活动的内容和形式即使到了清朝也还存在，如避暑山庄。从康熙到乾隆，都经常在避暑山庄内举行骑马、射箭等礼仪、游憩活动。

2）秦汉宫苑

　　西汉时期是中国封建社会的经济发展最快、最活跃的时期之一。如秦代的上林苑，苑中又有三十六苑，包括宜春苑、御宿苑、思贤苑、博望苑等（图1-1）。可以看出，当时造园者在总体布局与空间处理上，把全园划分成若干景区和空间，使各个景区都有景观主题和特点。

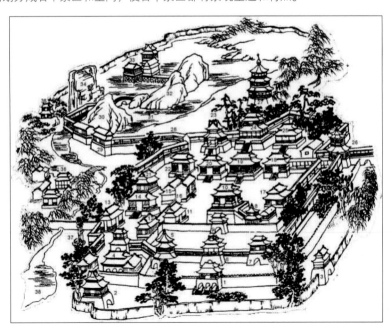

图1-1　上林苑

3）隋唐的宫苑及宋代园林

隋朝的大兴城（即唐长安），河北赵县的安济桥，敦煌、龙门等地的石窟，表现出新造园林趋向。

唐朝是我国封建社会的全盛时期，这一时期的园林也得到大发展。北宋时期的李格非在《洛阳名园记》中提到，唐贞观、开元年间，公卿贵戚在东都洛阳建造的邸园，总数就有1 000多处，足见当时园林发展的盛况。唐朝文人画家以风雅高洁自居，多数自建园林，并将诗情画意融贯于园林之中，来追求抒情的园林趣味。

唐宋在我国历史上是诗词文学的极盛时期，当时绘画也甚流行，出现了许多著名的山水画（图1-2）。文人画家陶醉于山水风光，企图将生活诗意化。这些文人画家本身也亲自参加造园，所造之园多以山水画为蓝本，以诗词为主题，以画设景、以景入画，寓情于景、寓意于形，以情立意、以形传神。楹联、诗词与园林建筑相结合，富有诗情画意，耐人寻味。因此，由文人画家参与园林设计，使三度空间的园林艺术比一纸平面上的创作更有特色，给造园活动带来深刻影响。所以，经文人画家着意经营的园林艺术达到了妙极山水的意境（图1-3）。

图1-2　唐代诗人王维《辋川别业》

图1-3　江山秋色图（局部）

以艮岳为代表的写意山水园，因地制宜地建造在城市之中，称为城市园林，这是唐宋时期园林的一种类型。这一时期园林艺术的另一种类型是在自然风景区，以原来的自然风景为基础，加以人工规划、布置，创造出各种意境的自然风景园。

这一时期园林艺术总的特点：效法自然而又高于自然。寓情于景、情景交融，极富诗情画意，形成人们所说的写意山水园。宋代不仅有李格非的《洛阳名园记》这种评论性的专著，而且还有李诫编著的《营造法式》。后者总结了宋及宋以前造园的实际经验，从简单的测量方法、圆周率等释名开始，介绍了基础、石作、大小木作、竹瓦泥砖作、彩雕等具体的法制及功限、材料制度等，并附有各种构件的详细图样。这本集前人及宋代造园经验的著作成为后代园林建筑技术上的指南。

4）园林艺术的极盛时期——明清

（1）明清时期的皇家园林

明清是我国园林建筑艺术的集大成时期，此时期规模宏大的皇家园林多与离宫相结合，建于郊外，少数设在城内的规模也都很宏大。其总体布局：有的是在自然山水的基础上加工改造的，有的则是靠人工开凿兴建的，其建筑宏伟浑厚、色彩丰富、豪华富丽。明清的园林艺术水平比以前有了提高，文学艺术影响了园林艺术的发展，所建之园处处有画景、处处有画意。造园理论也有了重要的发展，出现了明末吴江人计成所著的《园冶》一书，这一著作是对明代江南一带造园艺术的总结。该书比较系统地论述了园林中的空间处理、叠山理水、园林建筑设计、树木花草的配置等许多具体的艺术手法。书中所提"因地制宜""虽由人作，宛自天开"等主张和造园手法，为我国的造园艺术提供了理论基础。

清朝皇家园林代表作是位于北京西郊的颐和园，它由昆明湖和万寿山两大部分组成。在宫苑园林中，许多造景皆模仿江南山水，汲取江南园林的特点。如颐和园中的谐趣园，模仿无锡寄畅园；承德避暑山庄的小金山，则模仿镇江金山寺的金山亭；避暑山庄的烟雨楼模仿嘉兴南湖的烟雨楼；圆明园中的许多景点与题名也多直接套用苏杭的园林景观题名，如"平湖秋月""三潭印月""雷峰夕照""狮子林"等（图1-4、图1-5）。

图1-4 避暑山庄的烟雨楼

图1-5 颐和园

（2）明清时期的私家园林

江南以其得天独厚的自然条件，以及历史、文化、政治、经济等各方面的原因，所形成的园林与北方园林有很大的不同。江南地区的无锡、苏州、扬州、杭州、上海、常熟和南京等地，所建园林大都是城市中建造的宅园，是为地主以及文人士大夫的需要而建造的具有城市山林式的园林。苏州造园历史相当悠久，特别是自明清开始，地主官僚竞相建园，较著名的有拙政园、留园、网师园、个园等。

◆拙政园。拙政园是我国江南园林的代表作之一。全园由园子和住宅两部分组成。园子位于住宅的北侧，入口部分有院门，内迭石为假山，成为障景，使人入院门不能一下看到全院的景物。在山后有一小池，循廊绕池便豁然开朗（图1-6）。

◆留园。留园在清嘉庆时为刘恕所居，名寒碧山庄，又名刘园。园中有湖石峰十二，其中冠云峰最为突出。园林艺术的时空变化与持续，在苏州园林中发挥得淋漓尽致（图1-7、图1-8）。

图1-6 拙政园

图1-7 留园（1）

图1-8 留园（2）

◆网师园。网师园以布局紧凑、建筑精巧与空间尺度比例良好著称，是当地中型园林的代表作。造园家不仅注意到一天中时间的变化，还考虑到一年四季的变化，那种春宜花、秋宜月、夏宜凉风、冬宜晴雪的静中有动的艺术构思手法，在网师园中运用得极为成功（图1-9）。

◆个园。以四季假山闻名的个园，春景在桂花厅南的近入口处，沿花墙布置石笋，似春竹出土，又与竹林呼应，增加了春天的气息。夏景在园的西北部，湖面假山临池，涧谷幽邃，秀木紫荫，水声潺潺，清幽无比。秋景是黄石假山，拔地数仞，悬崖峭壁，洞中设置登道，盘旋而上，步异景变，引人入胜。山顶置亭，形成全园的最高景点。冬景假山在东南小庭院中，倚墙叠置色洁白、体圆浑的雪石，犹如白雪皑皑未消。而就在小庭院的西墙上又开一圆洞空窗，可以看到春山景处的翠竹、茶花，又如严冬已过，美好的春天已经来临。这种表现园林空间变化的艺术创意极具新意（图1-10、图1-11）。

图1-9 网师园 　　　　　　　　图1-10 个园

图1-11 个园黄石假山

（3）明清时期的皇家园林特点

◆ 空间与美学并用：皇家园林以建筑为主体，不论建筑呈密集式还是疏朗式布局，都是构成"景"的主体，建筑追求形式美的意境，将园林建筑的审美价值推到一个新的高度。同时，也是皇家气派的重要表现手段。

◆ 意念融入景观之中：封建帝王营建宫寝、坛庙、园林等，均是利用形象布局，通过人们审美的联想意识来表现天人感应和皇权至尊的观念，从而达到巩固帝王统治地位的目的。

◆传统文化对中国园林的影响：在中国文化发展史上，儒、道、佛三教作为中国传统文化的三大主要组成部分，各以其不同的文化特征影响着中国文化。同时，三者又相互融合，共同作用于中国文化的发展，充分体现了中国文化多元互补的特色。在中国文化发展史上，儒家文化是中国传统文化发展的主流。

◆寓情于景、情景交融，寓义于物、以物比德：人们把作为审美对象的自然景物看作品德美、精神美和人格美的一种象征。人们把竹子隐喻为一种虚心、有节、挺拔凌云、不畏霜寒、随遇而安的品格精神，人们还将松、梅、兰、菊、荷以及各种形貌奇伟的山石作为高尚品格的象征。

1.1.2　日本古典园林

中国文化输入日本始于汉代，在唐代达到高潮，随后的宋明两代也都间有输入。日本不断汲取中国文化中的先进成分，才逐渐形成自身的文化。

1）筑山庭和平庭

筑山庭偏重于地形上筑土为山。筑山庭中的土山相当于中国园林中的岗或阜，坡度缓和的土丘称作野筋。平庭相对于筑山庭，是指在平坦的基地上进行园林规划，在平地上追求深山幽谷之玲珑、海岸岛屿之渺漫的效果。筑山庭和平庭都有真、行、草3种形式，真庭是对真山真水的全方位模仿，而行庭是局部的模拟和少量的省略；草庭是大量的省略（图1-12）。

2）枯山水和池泉

枯山水是日本庭园的精华，实质上是以沙代水、以石代岛的做法。用极少的构成要素达到极大的意韵效果，追求禅意的枯寂美。枯山水有两种寓意对象：一是山涧的激流或瀑布，日本称为枯泷；二是海岸和岛屿。池泉是微缩的真山水，一般是园景的中心。枯山水与池泉都是在自然布局的水池中设溪坑石代表岛屿，与岸相连的驳岸称中岛，按不同位置分别称为龟岛、鹤岛、蓬莱等名，立在水中或沙中的岩石有更多名称。最严格意义上的枯山水都是些闲庭小园，面积不大，却要在"尺寸之地幻出千岩万壑"，办法就是象征。欣赏枯山水的最佳状态通常都是席地坐在方丈檐下的平台上潜思默想（图1-13—图1-15）。

图1-12　日本筑山庭　　图1-13　日本枯山水

图1-14　日本枯山水　　　　图1-15　日本茶庭

3）坐观式、舟游式、回游式

日本园林多以静观为主，特别是小园林，其观赏角度只有一个。虽有园路，也只是看而不是让人走进去赏玩，故称为坐观式园林。回游式与此相对应，是可以供人走进去赏玩的，其观赏角度有多个，可以做到移步换景。舟游式是以游船为交通工具的回游式园林。在大园林中一般是3种方式结合在一起，大一些的庭院也可用回游式（图1-16）。

图1-16　日本回游式廊道

1.1.3　欧美园林

在英语中，传统园林统称为Garden。从十四五世纪到19世纪中叶，西方园林的内容和范围都大为拓展，园林设计从历史上主要以私家庭院的设计为主，扩展到公园与私家花园并重。园林的功能不再仅仅是家庭生活的延伸，而是改善城市环境，为市民提供休憩、交往和游赏的场所。在西方，园林概念至此开始逐渐发展成为更广泛的景观概念。

欧洲的园林文化传统，可以追溯到古埃及，当时的园林就是模仿经过人类耕种、改造后的自然，是几何式的自然，因而西方园林就是沿着几何式的道路开始发展的。其中，水、常绿植物和柱廊都是重要的造园要素。

1）意大利的台地园

意大利的地形和气候特征造就了意大利独特的台地园。台地园的平面一般都是严整对称的，建筑常位于中轴线上，有时也位于庭院的横轴上，或分设在中轴的两侧。由于一般庄园的面积都不是很大，且又多设在风景优美的郊外，因此，为开阔视野、扩大空间而借景园外是其常用的手法（图1-17—图1-19）。

图1-17　意大利台地园

图1-18　意大利庄园

由于位处台地，意大利园林的水景在不断的跌落中往往能形成辽远的空间感和丰富的层次感。在下层台地上，利用水位差可形成喷泉，或与雕塑结合，或形成各种优美的喷水图案和花纹。后来，在喷水技巧上大做文章，创造了水剧场、水风琴等具有印象效果的水景，此外，还有种种取悦游人的魔术喷泉等。低层台地也可汇集众水形成平静的水池，或成为宽广的运河。设计者会十分注意水池与周围环境的关系，使之有良好的比例和适宜的尺度（图1-20）。

图1-19　意大利庄园跌水

图1-20　意大利管风琴喷泉

2）法国园林

法国园林最为著名的是凡尔赛宫，它有一条自宫殿中央往西延伸，长达2千米的中轴线。两侧大片的树林把中轴线衬托成为一条宽阔的林荫大道，自西向东，最终消逝在无垠的天际。林荫大道的设计分为东西两段：西段以水景为主，包括十字形的大水渠和阿波罗水池，饰以大理石雕像和喷泉。十字形水渠横壁的北段为别墅园，南端为动物饲养园。东端的开阔平地上则是左右对称布置的几组大型的"绣毯式植坛"。大林荫道两侧的树林里隐藏性地布列着一些洞府、水景剧场、迷宫、小型别墅等，是比较安静的就近观赏的场所。设计者是勒诺特，法国园林的开创者。他保留了意大利文艺复兴庄园的一些要素，又以一种更开阔、华丽、宏伟、对称的方式在法国重新组合、创造了一种更显高贵的园林，追求整个园林宁静开阔、统一中又富有变化、富丽堂皇、雄伟壮观的景观效果（图1-21—图1-24）。

图1-21　法国凡尔赛宫平面　　图1-22　法国凡尔赛宫远视图

图1-23　法国凡尔赛宫正面图　　图1-24　法国凡尔赛宫一角

3）英国园林

十七八世纪，绘画与文学两种艺术热衷于自然的倾向影响了英国的造园，加之受中国园林文化的影响，英国出现了自然风景园。它以起伏开阔的草地、自然曲折的湖岸、成片成丛自然生长的树木为要素构成了一种新的园林。18世纪中叶，作为改进，园林中建造一些点景物，如中国的亭、塔、桥、假山以及其他异国情调的小建筑或模仿古罗马的废墟等，人们将这种园林称为感伤主义园林或英中式园林。欧洲风景园是从模仿英中式园林开始的，虽然最初常常是很盲目地模仿，但结果却带来了园林的根本变革。风景园在欧洲的发展是一个净化的过程，自然风景式比重越来越大，点景物越来越少，到18世纪后，终于出现了纯净的自然风景园（图1-25—图1-27）。

图1-25　丘园　　　　　图1-26　英国风景式园林　　　　　图1-27　风景式园林

4）美国园林

弗雷德里克·劳·奥姆斯特德被普遍认为是美国景观设计学的奠基人，是美国最重要的公园设计者。他最著名的作品是其与合伙人沃克在100多年前共同设计的，位于纽约市的中央公园（图1-28—图1-30）。

图1-28　纽约中央公园

图1-29　美国大学景观一角　　图1-30　纽约中央公园

1.1.4 现代景观设计

1）现代景观设计概念

景观，作为视觉美学意义上的概念，与"风景"同义；作为地理学概念，与"地形""地物"同义；作为生态系统的功能结构，是以景观为对象的研究；作为审美对象，是风景诗、风景画；作为地理学的研究对象，主要从空间结构和历史演化上研究，是景观生态学及人类生态学的研究对象（图1-31—图1-37）。

图1-31　日本城市广场

图1-32　日本城市广场

图1-33　日本格子园

图1-34　日本竹园

图1-35　日本小竹园

图1-36　日本镜园

图1-37　日本龙园

2）现代景观发展的3个趋势

（1）向自然的回归

希望在城市中重现大自然的美景。虽然城市空间不允许有更多的自然风光，但可以创造"小中见大""壶中天地"的自然景色，取得和自然协调的生理、心理的平衡。坐落于卡斯特罗普—劳克塞尔的商务公园，前身就是由一名爱尔兰人经营的煤矿场（图1-38）。

（2）向历史的回归

历史是社会文化的积淀，是物质文化和精神文化的结晶，人类能够从历史文化中直观地发现自己的天性。历史文化具有继承性，人类也更喜欢历史文化、历史遗迹，这也是人本身的特性所决定的。

图1-38　商务公园

①人们本能地对属于自己民族的历史文化怀有感情，心理上会接受。

②人们具有怀旧的情绪，觉得过去值得人去回忆，是一种逆反、拓补的心态。

③这也是民族文化的延续，接受历史、展望未来，人们靠历史的对比来看到未来的希望。

因此，人们更加怀念历史文化，喜欢有历史文化内涵的建筑环境，历史文化遗迹的保护也成为人们生活的一部分。在现代环境设计中，一方面，应保持这种文化延续性，使建筑景观反映一定的历史文化形态；另一方面，从对历史片段、历史符号的联想，到对历史文化遗迹的凝缩，我们能够在建筑景观中再现历史文化（图1-39、图1-40）。

图1-39　德国萨尔布吕肯的港口岛公园

图1-40　欧洲景观

（3）向高技术、高情感的发展

建筑环境是技术展示的舞台，各种尖端技术、高技术产品陈列在城市中，向人们传达各种技术信息，标志着信息时代的到来，使建筑环境的技术含量得以增加。这不仅反映在建筑景观中组成空间的材料、制作和工艺的高技术上，也包括设计方法的高技术。采用计算机辅助设计，在计算机中可以模拟环境。建筑环境的高技术正需要高情感的建筑空间，人们在同技术打交道的同时，更需要在人们之间进行交流，如在办公场所多设置小吧台、小休息区等空间，正是满足情感上交流的需要。在室外，同样应设置一些建筑景观，让人们能在紧张之余进行情感上的放松。

3）新技术观

技术是物质存在的手段，也是思想改变的重要基础。随着全球化时代的到来，要保持技术与艺术、生态、社会经济之间的平衡，以及与地域自然条件、文化传统及经济发展状态之间的协调。

4）创新景观

技术是景观的物质构成和精神构成得以实现的基础，是推动景观发展的动力，许多景观本身就是技术存在的表现。与全球化时代技术发展相呼应的景观表现为创新特征，不仅体现在材料更新、结构先进、设施齐全上，而且有崭新的理论和观念基础，充分展示新技术所提供的可能和蕴涵的精神。其发展趋势具体包括下列内容。

（1）生态化

生态化指与自然过程的规律协调，如同生命模式那样，其能源和材料可以充分循环再生。

（2）数字化

数字化指利用信息技术与环境技术设备对环境物理条件进行参数化和数字化精确调控，并估算出能源与生态效益（图1-41）。

图1-41　电脑绘图，绿色：新林区；浅褐色：城区；深褐色：永久性公园区域

（3）智能化

智能化指利用人工智能技术，其功能可对环境作出反应，根据气象、温度、湿度及风力等自然因素的变化而自动调节，创造出高效、舒适、节能和安全的环境。

（4）仿生化

仿生化不仅表现在形态上，而且表现在技术上。即利用新技术及材料模拟生物高度完善的性能与自身组织进化过程，获得高效低耗、自觉应变的保障系统及其内在肌理，成为自然生态系统的有机组成部分（图1-42）。

（5）虚拟化

虚拟化指利用虚拟现实技术，使人在电脑合成的环境里获得角色体验。虚拟化超越传统空间经验，构造真实和虚幻交织、永恒变化、无限开放、与人互动的环境效果（图1-43、图1-44）。

（6）信息化

信息化使许多对象成为目不暇接的信息符号储存地和净化器。通过展示技术的运作方式和揭示技术的内在逻辑，将信息融进人的生活理念和审美需求之中。

（7）低价化

低价化指借助计算机技术，使非批量生产、非规格产品简便而且廉价，从而有条件选用更丰富多样的材料。

图1-42　景观小品

图1-43　用3d Max软件制作现代景观效果图　　图1-44　用3d Max软件制作现代景观效果图

5）景观规划设计观念的拓展

全球化趋势中景观形式与内涵所呈现的变化和特质展示了景观的灿烂前景。要使景观发展跨越障碍，实现可持续发展，则要求景观规划设计作出相应的拓展，首先是观念上的拓展（图1-45）。

（1）生态设计观

生态设计观或结合自然的设计观，已被设计师和研究者倡导了很长时间。随着全球化带来的环境价值共享和高科技的工具支持，生态设计观必然有进一步的发展，可以将其概括如下。

◆不仅考虑如何有效利用自然的可再生能源，而且将设计作为完善大自然能量大循环的一个手段，充分体现地域自然生态的特征和运行机制（图1-46）。

◆尊重地域自然地理特征，设计中尽量避免对地形构造和地表机理的破坏，尤其注意继承和保护地域传统中因自然地理特征而形成的特色景观。

◆从生命意义角度去开拓设计思路，既完善人的生命，也尊重自然的生命，体现生命优于物质的主题（图1-47）。

◆通过设计，重新认识和保护人类赖以生存的自然环境，建构更好的生态伦理。

图1-45　法国现代景观

图1-46　由废弃物组成的景观一角　　图1-47　水体雕塑景观

（2）人性设计观

全球化是由人类推动的，人类始终是世界的主体，是技术的掌握者、文化的继承者、自然的维护者。景观设计观念拓展最重要的方面即是完善人的生命意义，超越功能意义设计，进入到人性化设计。具体包括以下方面。

◆以人为本，设计中处处体现出对人的关注与尊重，使期望的环境行为模式获得使用者认同。例如，卡龙豪特公园，曲线玲珑而极不规则的小岛坐落在下沉的矩形湖面上，做成"Z"字形的钢网格水线轻盈地浮在水面上，桥线架于陆地和湖面之上，1米间隔的细钢支撑轻盈灵巧，而桥线是由精致的轻型木料和支撑钢架组成的（图1-48、图1-49）。

◆呼应现代人性意义，对人类生活空间与大自然的融合表示更多支持。例如，人们可以在瀑布的后面行走或透过水帘坐看景色，符合人性的需求（图1-50）。

◆ 与人类的多样性和发展性相符合，肯定形式的变化性和内涵的多义性（图1-51）。

图1-48　卡龙豪特公园水线

图1-49　卡龙豪特公园桥线

图1-50　石头体育场

图1-51 水帘瀑布

（3）多元设计观

多元的景观发展要求景观设计强化地方性与多样性，以充分保留地域文化特色的景观来丰富景观资源。其观念具体包括以下方面。

◆ 根据地域中社会文化的构成脉络和特征，寻找地域传统的景观体现和发展机制（图1-52）。

◆ 以演进发展的观点来看待地域的文化传统，将地域传统中最具活力的部分与景观现实及未来发展相结合，使之获得持续的价值和生命力（图1-53—图1-55）。

◆ 打破封闭的地域概念，结合全球文明的最新成果，用最新的技术和信息手段来诠释和再现古老文化的精神内涵（图1-56）。

◆ 力求反映更深的文化内涵与实质，弃绝标签式的符号表达（图1-57—图1-60）。

图1-52 法国小城市规划

图1-53 别墅景观1

图1-54 别墅景观2

图1-55 别墅景观3

图1-56 美国城市广场水体建筑

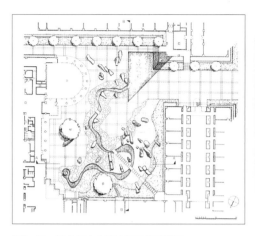

图1-57 某金属冶金科技研究所平面图

图1-58 某金属冶金科技研究所局部效果一

图1-59 某金属冶金科技研究所局部效果二

图1-60 某金属冶金科技研究所局部效果三

（4）技术设计观

全球化的景观发展充分利用技术所提供的一切可能性，相应的设计观念也必然紧密结合技术。其表现如下：

◆ 体现技术理性。设计作为对人口增加、资源减少、环境变化的回答，反思技术的优越性和潜在危险。

◆ 体现技术感性。设计反映技术与人类情感相融合的发展动态和技术审美观念的多样化趋势（图1-61）。

◆ 体现景观智能化趋势，创造有"感觉器官"的景观，使其如有生命的有机体般活性运转，良性循环。

◆ 尊重地域适宜技术所呈现的景观形式，将其转化为新的设计语言。例如，日本福冈桃池海滨公园中央广场，将市区和远处的沙滩连在一起（图1-62）。

（5）创新设计观

除了技术直接导致创新景观之外，全球化发展过程中各种思想自由广泛地传播、交流所激发的灵感也成为创新景观的源泉，相应的设计观强调变化、弹性。具体包括以下方面。

◆ 将更多景观要素纳入设计中，用多样语汇表达个性化设计（图1-63）。

◆ 改变思维定式，注重探索性，肯定弹性、模糊、不确定设计的价值（图1-64）。

◆ 虚幻世界与现实世界并驾齐驱，以多重尺度拓展创意空间（图1-65）。

图1-61 欧洲小型花园水体

图1-62 日本福冈桃池海滨公园中央广场

图1-63 水园中的小瀑布

图1-64 铺于瀑布之上的混凝土踏板

图1-65 姬路儿童园

（6）艺术设计观

随着人类素质的提高和将更多的休闲时间投入在文化艺术活动上，艺术和生活界限正在消失，人类生存的一切环境都被赋予艺术色彩，相应的景观设计观念包括以下方面。

◆ 强化对美的共同追求，使景观与建筑、规划、园林有更大的融合性（图1-66—图1-68）。

◆ 将审美的生存观体现于设计中，通过设计把审美上升为人的生存范畴（图1-69、图1-70）。

◆ 结合时代特征，探索新的有序与和谐的景观艺术（图1-71、图1-72）。

◆ 设计艺术水准的提高取决于对现实的了解、文化的领悟、技术的掌握和个性的发挥（图1-73—图1-75）。

图1-66　建筑与景观

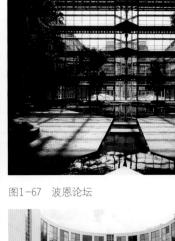

图1-67　波恩论坛

图1-68　建筑与景观

图1-69　桥下景观

图1-70　水体景观

图1-71　小型景观

图1-72　小型景观

图1-73 种有植物的曲线形运河

图1-74 种有植物的线形房顶

图1-75 水上植物造型

任务 **1.2**

学习"景观设计"
课程的建议和思考

景观设计别称"园林""风景园林""景观建筑""环境景观设计"。景观设计内容涵盖大到城市的总体形象设计，具体到城市节点如城市广场、城市公园、滨河亲水空间、街区景观、街头绿地、居住区环境设计等；小到雕塑小品、种植配置、水池花池、铺地栏杆、桌凳、垃圾箱等，几乎包容室外造型艺术的一切。

景观设计专业教育也各有侧重。目前，从事这一职业教育的教师大多毕业于林业院校的园林系（偏重绿化）、城建院校的风景园林专业（偏重建筑、规划）、艺术院校的环境艺术专业（偏重小品、造型）等。但从专业角度分析，景观设计应是土建、绿化、水电等多种专业知识的综合体。

本教材根据高职教育的培养要求，以就业为导向，以技能训练为突破口，这就要求学生：

树立积极的学习态度，静心求知。

尽量使自己的心态稳定，把握住最核心的东西。这样才能减少外界对自己的干扰，找准自己的方向。

培养创新能力。学生在校更多的是接受知识和技能的学习，但对独立思考能力的培养远远不够。本教材采用了大量的景观设计案例，学生可从模仿中学习设计师的思路和方法，在熟练掌握思路和方法的基础上培养创新意识。

加强手绘训练。景观设计主要是由图纸语言和文本来表达设计构思、交流设计意图、制订设计方案。手绘是方案的基础，没有扎实的功底，就表达不了自己的意图。建议没有手绘功底基础的同学，利用课余时间练习手绘；还可以参加绘画速成班，将自己的绘画基础打牢；或找有关美术绘画基础的书籍，边看边练，肯定会有所收益。

计算机绘图实训。我们进行景观设计，经常需要用到计算机软件来帮我们处理问题。这里我们常用的软件主要有AutoCAD、Photoshop、3ds Max、GIS 软件ARC-VIEW或者ARCGIS。可以找有关这几个软件的书籍，每天学练结合。总之，目的只有一个，运用这些软件，帮助我们熟练作图以表达设计意图。

拓展训练与思考

1.中国园林的主要特点是什么？

2.欧洲园林的主要特点是什么？

3.以美国纽约中央公园为例，论述现代景观设计的特点与意义。

4.日本园林的设计特点是什么？

5.试比较中西方园林设计特点。

项目模块2
景观设计方法与步骤

任务目标

熟悉景观设计的方法。

掌握景观设计的步骤。

任务要求

从实例入手，了解景观设计造型法则、景观设计基本原则，熟悉景观设计的程序。

知识链接

景观设计造型法则。

景观设计基本原则。

任务实施

做一个小型景观的设计方案构思（8学时）。

任务 2.1

景观设计

2.1.1　景观设计的概念

1）景观

"景观"（Landscape）一词的本意等同于"风景""景色""景致"，源于欧洲陆地风景画。后来，景观一词被沿用于自然地理学中指地球表面气候、土壤、地貌、生物各成分的综合体。沿用到景观生态学中，则指空间上不同生态系统的集合。

2）景观设计

景观设计作为一门学科，是一门综合性很强、面向户外环境建设的学科，是一个集艺术、科学、工程技术于一体的应用型专业。作为一种艺术实践，它通过对建筑、小品、地形、水体、植被、环境设施等诸多因素的组织和设计，创造出优美的生活和休闲、娱乐、游憩环境。

景观设计的主要设计对象是城市开放空间，包括广场、步行街、居住区环境、城市街头绿地以及城市滨湖、河地带等。景观设计涉及的学科专业极为广泛，包括规划学、建筑学、园艺学、环境心理学、艺术设计学、林学、农学、地学、管理学、旅游、环境、资源、社会文化等。

2.1.2　景观设计的发展趋势

景观设计是在后工业时代出现的一门新兴的综合性、边缘性、应用性的学科专业。当今现代社会出现的能源、生态、人口等问题，使人类不得不对环境加以高度关注。进入21世纪，人们对自身的延伸开始注重，其社会生活方式、文化理念、价值观发生着深刻的变化，它们相互结合，共同构筑了对现代景观设计发展趋势的需求。

◆生态观。环境的保护和发展是21世纪的重要主题，人们对生活环境质量和生态平衡的关注、对能源开发与节约的重视、对人类与自然的可持续发展理念的高度关注，决定了各类生态景观、绿色景观、环保景观将受到更多的青睐。

◆人文观。人们为了生存，不断地承受着社会竞争的压力，各类信息技术的空前膨胀，也让人的精神生活发生变化，人们对环境的要求空前提高。无论是休整身心，还是追求愉悦；无论是对人体感官的注重，还是对心灵精神的崇尚，都要求环境与情感相交融，希望环境更能体现人文的特点。

◆多元观。人类与自然、传统观念与现代思潮、国内国情与国际趋势相互融合互补，不再盲从于一种学派或思潮。各种风格的艺术形式广泛存在，个性空间得到尊重，各种学术理论空前繁荣，景观设计的多元化发展将成为主流。

◆科技观。高新科技作为景观设计的利器，无论是作为一种工具或是新材料的开发利用，都将使景观环境得到突破性的进展。技术密集型的景观更能体现对生态的保护、对人文的关注和景观自身价值。景观环境的技术含量决定了景观在市场中的定位及价值。

景观设计的影响因子

2.2.1　社会意识、民族文化的影响

不同的社会意识对应着不同的设计理念，不同地域的文化差异导致各地区景观设计的价值取向迥然不同。我国幅员辽阔、民族众多，东西部经济发展不平衡，导致景观设计的观念大相径庭。

2.2.2　地方政治的影响

随着我国城市化进程的不断加速，建设业成为我国国民经济的支柱产业，国家政策导向成为城市建设的风向标。与之相对应的城市景观设计从量、形、质都受到影响。近年来，城市建设中出现了某些"形象工程"，在很大程度上受地方长官的意志的支配，脱离了当地实际情况，违背了城市景观设计的原则。

2.2.3　专业技术的影响

中国古典园林作为古代文化的一个组成部分，以其丰富的内容和高度的艺术水平在世界上独树一帜，被学界公认为现代风景式园林的渊源。但由于历史的原因，我国的景观设计理论发展滞后。景观设计师的专业素质也还有待提高，还不具备丰富的相关专业领域的体系化知识。

继承传统，不只体现在视觉效果和景观设计形式方面，还应在以下两个方面有所体现：一是传统设计手法的继承和创新；二是生活方式和文化理念的延续。

景观设计的造型法则

　　构图是造型艺术的术语，采用一定的手段来组织特定的空间，使该空间在形式与内容、审美与功能、科学与技术、自然美、艺术美及生活美取得高度统一。景观构图是将景观构成要素及造型要素，依据其功能要求和美学法则做出统一安排的技法。其中包括了对景观构成要素及造型要素的取舍、剪裁、分配与组合。

2.3.1 统一与变化

　　统一与变化是形式美的集中体现。统一是指整体与部分、部分与部分之间的和谐融洽，在差异中求取一致性；变化是指在整体内部存在差异。统一应该是整体的统一，而变化则应该是在和谐统一的前提基础上的有序变化。变化是局部的，统一是整体的。变化太少而过于统一则显得单调；变化过多则显得杂乱无章，难以把握（图2-1）。

图2-1　统一与变化

2.3.2 对比与调和

　　对比与调和是运用构图中某一因素（形态、体量、色彩、空间……）中两种程度不同的差异，以取得不同的艺术效果的表现形式，差异程度显著的表现称为对比。

　　差异程度大，求得不同变化，把两个对立的事物作比较，称为对比。对比是景观构图艺术中最基本的手法，表现是多方面的。

1）形象对比

长宽、高低、大小、方圆等方面的对比。

2）体量对比

把体量大小不同的物体放在一起进行比较，则大者越显其大，小者越显其小。

3）方向对比

在景观规划设计中的主、副轴线形成平面上方向的对比，山与水形成立面上方向的对比。

4）空间开合对比

空间时开时合，时收时放，交替向前。合者空间幽静深邃，开者空间宽敞明朗。

5）明暗对比

由光线强弱造成空间明暗的对比，加强了景物的立体感和空间变化。"明"给人以开朗活跃的感受，"暗"给人以幽深与沉静的感受。

6）虚实对比

"虚"予人以轻松，"实"予人以厚重。山水对比，山是实、水是虚；建筑与庭院对比，建筑是实，庭院是虚；建筑四壁是实，内部空间是虚；墙是实，门窗是虚；岸上的景物是实，水中倒影是虚。

7）色彩对比

利用色彩的对比关系，能引人注目。所谓"万绿丛中一点红"，就是由于万绿的衬托，使 点红格外醒目，成为构图中的主题。

8）质感对比

在绿地中，可利用植物与建筑、道路、广场、山石、水体等不同材料的质感，造成对比，增强艺术效果。即使植物之间，也因树种不同，外观不同，而产生质感差异。

9）疏密对比

疏密对比在园林构图中比比皆是。如种植设计中的草地、疏林、密林，就是疏密对比手法的具体应用，群林的林线变化是由疏到密、由密到疏和疏密相间，给景观增加韵律感（图2-2）。

10）动静对比

"蝉噪林愈静，鸟鸣山更幽""树欲静而风不止"，这些诗句都描述了动静对比给人带来的审美享受。

2.3.3 联系与分隔

在景观构图中，空间或局部之间存在着必要的联系与分隔。景物形体之间，室内外空间之间，局部空间之间，可利用植物、土丘、道路、广场、台阶、挡土墙、水面、桥、栏杆、花架、廊、门、窗等进行联系与分隔。

联系分为两种：一种是有形的联系，如道路、廊、水系等交通上相通及通过景窗、漏窗、门洞等方式的空间渗透；另一种是无形的联系，如景观上相互呼应、相互衬托、相互对称、相互对比，在空间的构图上造成统一协调的艺术效果。

景观构图中的分隔是为了把不同景区、功能区、景点分隔开，形成各自的特色，避免相互干扰。或创造隔景，或构成闭锁的空间，或"俗则屏之"，遮挡不美观的部分（图2-3、图2-4）。

图2-2 疏密对比　　　　　　　　　　　　图2-3 联系与分隔1　　　　　　　图2-4 联系与分隔2

2.3.4 比例与尺度

比例与尺度法则是确定园林构图尺寸大小所遵循的法则。

比例是指整体与局部或局部与局部之间的大小关系。在景观构图中，景物本身，景物与景物、景物与总体之间都存在着内在的长、宽、高的大小关系。和谐的比例是完美构图的条件之一，可以使人产生美感。比例只能表明各种对比要素之间的相对数比关系，不能涉及对比要素的真实尺寸。

景观构图的尺度是以人的体形标准和使用活动所需空间为视觉感知的量度标准。造景为人服务，人的平均身高、肩宽、足长、腿长与许多构图尺寸有直接关系。比例寄于良好的尺度之中，景物恰当的尺度也需要有良好的比例来体现。

比例与尺度原是不能分离的，所以人们常把它们混为一谈。所谓"尺度"，在西方认为是十分微妙而难以捉摸的原则，其中包含着比例关系，也包含着协调、匀称和平衡的审美要求。园林空间的大小印象会给人以不同的感觉，如开朗、闭锁、舒畅、雄伟、亲切、轻巧……这种感觉就叫尺度感。决定比例与尺度的因素有景观的功能、性质、使用材质、植物生长变化以及周围环境等。

2.3.5 均衡与稳定

均衡与稳定是确定景观构图量感平衡、形式安定的法则。均衡与稳定法则，来源于自然物体的属性，是动力和重心两者矛盾的统一。构图上的均衡虽与力学上的平衡概念含义一致，但纯属感觉而非实物。

均衡有对称和非对称均衡两种。由对称布置所产生的均衡就称为对称均衡。对称均衡在人们心理上产生理性的严谨性、条理性和稳定感，是人的生理和心理的需要。非对称均衡，其原理与力学上的杠杆平衡原理颇有相似之处。在景观布局上，质量感大的物体离均衡中心近，质量感小的物体离均衡中心远，二者因而取得均衡。在构图时要综合衡量构成绿地的物质要素的虚实、色彩、质感、疏密、线条、体型、数量等给人产生的体量感觉，切忌单纯考虑平面构图。在设计表现中，非对称均衡格式是比较灵巧、活泼的形式（图2-5）。

2.3.6 韵律与节奏

所谓韵律与节奏，即景观设计中某些组成因素作有规律的重复，在重复中又显示出变化。韵律与节奏能赋予景观以生气活跃感，表现出一种速度感。

景观设计中的韵律与节奏方式很多，常见的有以下5种。

①简单韵律。即由同一因素作有规律的重复出现的连续构图，如等距栽植的同一品种的行道树等。

②交替韵律。即由两种以上组成要素有规律地交替重复出现的连续构图，如"桃红柳绿"，两个品种相间种植的行道树或几段梯级与一段平台交替布置等。

③渐变韵律。即由同一组成因素有规律地变化而产生的连续构图，如层云式的树桩盆景。

④起伏韵律。即由某一组成因素有规律增加和有规律减少同时出现的起伏增减变化的连续构图，如山脊地形线、林冠线的有起有伏，水岸线、林缘线的有进有退。

⑤拟态韵律。即由某一组成因素有规律纵横交错或多个方向出现重复变化的连续构图，空间的开合、明暗变化，平面上有曲折断续，竖向上有起伏高低，都能产生良好的韵律节奏感（图2-6、图2-7）。

图2-5　均衡

图2-6　韵律1

图2-7　韵律2

任务 2.4

景观设计的基本原则

2.4.1 生态原则

景观建设，特别是大型的景观建设，易于导致环境生态失衡。因此，在进行景观设计时，首先需要考虑生态问题。

1）尊重自然地形地貌

自然坡地、水面是丰富景观构成的要素，尤其对景观特色的创造有益，应充分尊重自然地形地貌，不宜移山填水。

2）防止环境污染

城市聚集了工厂企业和大量的人口，工业化使地球污染趋于严重。防止和治理环境污染、保持和维护自然环境，是景观建设中重要的内容之一。

3）保持自然景观与人工景观的良好关系

在进行景观规划时，必须处理好自然与人工或环境保护与城市建设的关系，使之达到共生共荣。

4）生态景观链

生态景观是某一地域生态环境平衡的外部征候，完整的生态必然拥有连续的生态景观链。

5）可持续发展观

可持续发展有两层含义：一是强调发展是满足人的需要的，是以提高人的生活质量为最高目标；二是它关注所有影响发展的因素，包括环境的、经济的以及社会的几个方面的因素。可持续的景观设计应是符合一定的生态原则的。一个完整的城市景观生态设计应同时考虑景观的生态过程与生态功能，自然环境的审美功能和精神功能（图2-8、图2-9）。

图2-8 可持续发展园林1　　　　图2-9 可持续发展园林2

2.4.2　时代原则

景观设计的时代原则如下：景观都应体现时代精神。创造景观，应以景观创造者所处时代的精神特征做标准来衡量。时代原则为我们衡量和评价一切景观提供了一个基本的尺度。

1）环境概念

环境概念不仅是我们进行景观设计的首要前提，也是时代精神的重要构成方面。它要求景观项目在功能上维护或者至少是不破坏生态平衡，在形式上也应和原有的自然景观及人文景观的秩序相一致。

2）人之需求

现代城市要为人的感情交流、人的价值的充分实现提供空间和场所。这要求景观要有人情味和地方特色，空间尺度应宜人，景观要为大多数人所喜闻乐见。

3）多元并存

科学改变了世界的面貌，科学带来竞争，竞争打破了封闭，进而导致多元并存。20世纪以来，多元思想渐渐渗入社会科学的各个领域，表现在各艺术门类之中，使世界呈现丰富多彩的景象，城市人工景观也不例外。

2.4.3　地域原则

景观设计的地域原则如下：景观规划应充分考虑到规划地段的自然地域和社会文化地域特征，加以利用和反映，以形成地域景观特色。地域原则与时代原则相对应，地域原则侧重于空间，时代原则侧重于时间。地域原则要求景观体现地域特征和社会文化内涵，时代原则要求景观能表现时代特色，地域原则可体现在以下若干方面：

1）探求地域文化背景

景观为人服务，不同民族、不同信仰和不同文化背景的各类景观彼此差异很大，有鲜明的地域文化特征。景观特色即出于对地域环境和地域文化的尊重和理解（图2-10）。

图2-10　探求地域文化背景

2）熟悉人的行为模式

在许多现代城市，我们已很难找到它明显的地域文化背景，即使找到了也难以提取出特征并反映到城市景观中。城市人的生活方式、工作节奏、交往礼仪、社会意识和价值观念等方面的变化，会使公众对城市景观注意的焦点发生转移。在城市景观方面，虽然仿古园林仍然吸引不少人，但更多的青年可能更热衷于现代游乐场的惊险与刺激。

3）保护文化古迹景观

文化古迹是一个城市地域文化最直接的体现。对其中有价值的部分应进行精心保护，并在保持原貌的条件下加以修复。除非迫不得已，一般不宜将仿建作为强化城市景观整体地域特色的主要手段。

2.4.4　视域原则

景观设计的视域原则是指，在特定区域中，那些能够反映区域特色的特色景观或标志景观，在规划中应为它们留下尽可能大的视域。视域原则是景观设计中最重要的技术性原则，也是最富技巧的原则。景观设计的视域分析，也可称为景观视觉环境控制。

1）确定标志性景观

在景观设计中，视景观体量造型、文化内涵等方面的重要性划分为特色景观或标志景观，它们统称为标志性景观。

2）确定主要观赏线

在景观规划总图上划分人流游览线，可以确定出主要的景观观赏线(或面)。它可以提供连续的、以平行透视效果为主的、高潮迭起而富有变化的"视"景观效果。

3）主视点与主视面确定

在景观观赏线上的那些能够使景观画面达到最佳的视点称为主视点。如果游览路线选择得好，主视点就多，反之就少。与主视点相应的是景观的主视面，观赏的主视点应和景观的主视面相结合，才能取得好的景观效果。主视面并不一定是景观的正立面，而是最能反映景观特征、最能表达景观神韵的面。

4）建立景观视觉通廊

在标志性景观和游览观赏线确定后，即可根据景观规划的总体设计构思来确定景观视觉通廊，为最终建立景观系统打下基础。

2.4.5　系统原则

在进行城市景观设计时，应充分考虑到景观的系统性，不能孤立、静止和片面地来处理景观，这就是景观设计的系统原则。系统原则体现在3个方面。

1）开放系统

作为系统，景观必须是开放的，必须是可以不断发展、不断完善的。例如，某一城市中的古代建筑形象系统在新的历史时期，已丧失了继续生长的必要性，只需保护维持使其不受破坏即可。而城市景观和人一样是历史的存在，历史是沿续的，是不断发展的。因而，城市景观也应该是开放的、发展的。

2）重点突出，综合协调

作为一个系统，景物是由许多子系统构成的，除了按要素类别划分外，其视觉功能一般可划分为"标志—背景"景观子系统、"道路—游览"景观子系统、"园林—绿地"景观子系统、"山—水"景观子系统"古建筑—民俗"景观子系统等。这些子系统相互促进，相互制约。

3）天、地、人和谐相处

中国在环境景观设计中强调人与环境的整体统一性，反映了道家思想天、地、人的和谐相处关系。

2.4.6　以人为本的原则

一个景观规划设计的成败最终要看它在多大程度上满足了人类环境活动的需要。至于景观的艺术品位、个人的景观喜爱，要让位于多数人的景观追求。考虑大众的趣味，兼顾人类共有的行为，群体优先。这是现代景观设计的基本原则。

人类在景观中的基本活动可以归纳为3种类型：必要性活动、选择性活动和社交性活动。

景观设计要注重人的交往需求和可选择性。人的交往有亲密朋友、亲人间的近距离交往和路人之间目光的交流、中远距离的交流的区分。比较狭小的空间适合于前者，相对开敞的空间适合于后者。所以，在设计中有意识地强化这一方面的内容，强调信息交往的空间差异，为人们提供更多的可选择的休闲、观赏场所，突出群众使用功能，将是景观设计追求的目标之一。

景观设计程序

景观设计程序包括景观资源调查和景观评估、景观设计方案的构思与选择、景观设计方案深化等方面。

2.5.1 景观资源调查和景观评估

1）景观资源的调查分析

资源调查的方式多种多样，一般可以通过以下方式获得。

①地理信息系统的基础数据。

②实物型的测绘地形图、城市地图、卫星遥感照片、航空拍摄照片。

③现场考察照片、现场周边居民问卷调查。

例如，我们在进行园林设计之前，对环境条件的调查和分析（图2-11）。具体的调查研究包括地段环境、人文环境和城市规划设计条件、经济技术因素4个方面。

◆ 地段环境。基地自然条件，气象资料，周边建筑，道路交通，城市方位，市政实施，污染状况等。

◆ 人文环境。城市性质环境，地方文化风貌特色等。

◆ 城市规划设计条件。城市管理职能部门依据法定的城市总体发展规划提出的用地范围、面积、性质以及对基地范围内构筑物高度的限定、绿化率要求等。

◆ 经济技术因素。经济技术因素是指建设者所能提供、用于实际经济条件与可行的技术水平。它决定着园林建设的材料应用、规模等，是除功能、形式之外的另一影响因素（图2-12）。

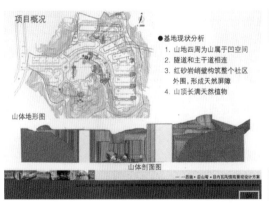

图2-11 项目概况

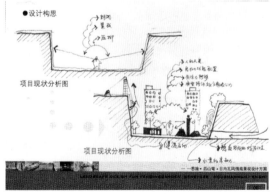

图2-12 项目状态分析

2）景观的评估

在规划设计操作进入多方案比较或最终方案可实施性认定过程时，也需要进行方案景观评估。一般通过专家评估系统或公众评价来完成。

景观评价主要可分为以下几个类型：详细描述法、公众偏好法和量化综合法。详细描述法包括生态模式和形式美学模式研究；公众偏好法包括心理模式和现象模式研究，经常采用问卷调查及民意测验等方法；量化综合法将主观方法和客观理性方法结合起来，包括生理心理模式和成分代用模式。

2.5.2　景观设计方案的构思与选择

我们在对设计要求、环境条件等有了比较系统全面的了解之后，就可以开始方案的设计。本阶段的具体工作包括构思立意、方案构思和多方案比较。

1）构思立意

构思立意相当于文章的主题思想，占有举足轻重的地位，其方法很多。我们可以直接从大自然中汲取养分，获得设计素材和灵感，提高方案构思能力；也可以发掘与设计有关的素材，并用隐语、联想等手段加以艺术表现（图2-13）。

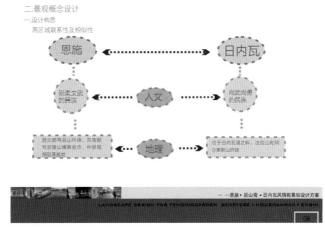

图2-13　设计构思

2）方案构思

方案构思是方案设计过程中至关重要的一个环节，它是在立意的指导下，把第一阶段分析研究的成果具体落实到图纸上。

方案构思的切入点是多样的，应该充分利用基地条件，从功能、形式、空间形式、环境入手，运用多种手法形成一个方案的雏形。

（1）从环境特点入手

某些环境因素如地形地貌、景观影响以及道路等均可成为方案构思的启发点和切入点。

主要从以下几点入手。

①场地中设置的内容与任务书要一致。

②利用基地外的环境景色。

③入口位置的确定，考虑行人的现状穿行路线。

④停车场地能便利地与休憩地相连接。

⑤候车区域应设置休憩的坐凳且应有遮荫设施。

⑥饮水装置、废物箱的位置应选在人流线附近、使用方便的地方。

（2）从形式入手进行方案构思

在满足一定的使用功能后，可在形式上有所创新，将一些自然现象及变化过程加以抽象，用艺术形式表现出来（图2-14）。

在具体的方案设计中，可以同时从功能、环境、经济、结构等多个方面进行构思，或者是在不同的设计构思阶段选择不同的侧重点，这样能保证方案构思的完善和深入。

3）多方案比较

对于景观设计而言，由于影响设计的因素很多，因此认识和解决问题的方式多种多样（图2-15—图2-17）。多方案构思比较，其最终目的是获得一个相对优秀的实施方案。

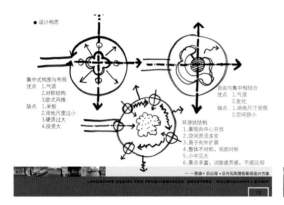

图2-14　设计方案构思　　　　　　　　　　图2-15　设计构思—集中

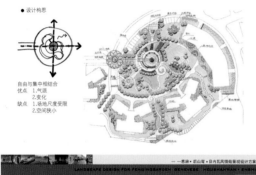

图2-16　设计构思—自由　　　　　　　　　　图2-17　设计构思—环游

4）方案的调整与深入

（1）方案的调整

方案调整阶段的主要任务是解决多个方案分析、比较过程中所发现的矛盾与问题，并弥补设计缺陷。对方案的调整应控制在适度的范围内，力求不影响或改变原有方案的整体布局和基本构思，并能进一步提高已有的优势水平。

（2）方案的深入

方案的深入是在方案调整的基础上进行的。深化阶段要落实到具体的设计要素的位置、尺度及相互关系，准确无误地反映到平、立、剖及总图中来。同时，要注意核对方案设计的技术经济指标，如建筑面积、铺装面积、绿化率等。

在方案的深入过程中，还应注意以下几点：

①各部分的设计要注意对尺度、比例、均衡、韵律、协调、虚实、光影、质感以及色彩等原则规律的把握与运用。

②在方案深入的过程中，各部分之间必然会相互作用、相互影响，如平面的深入可能会影响到立面

与剖面的设计；同样，立面、剖面的深入也会涉及平面的处理，对此要有认识。

③方案的深入不可能是一次性完成的，需要经历深入、调整，再深入、再调整，多次循环的过程。在一个方案的设计过程中，除了要求具备较高的专业知识、较强的设计能力、正确的设计方法以及极大的兴趣外，细心、耐心和恒心是不可少的素质（图2-18）。

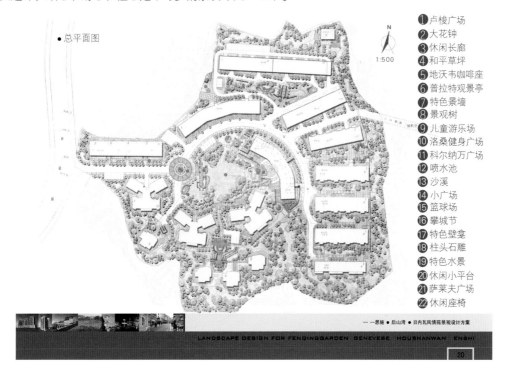

图2-18　总平面图

5）方案设计的表现

方案的表现是方案设计的一个重要环节。根据目的不同，方案表现可以划分为设计推敲性表现与展示性表现两种。

（1）设计推敲性表现

推敲性表现是设计师在各阶段构思过程中所进行的主要外在工作，是设计师形象思维活动的记录与展现。推敲性表现在实际操作中有如下几种形式：

①草图表现。一种较为传统与常用的表现方法，这种表现手法的特点是操作简洁方便，并可以进行比较深入的细部刻画，尤其擅长对局部空间造型的推敲处理。

②草模表现。是用模型来表现设计，它比草图表现更为真实、直观，可以从三维空间上进行全方位的表现。但草模表现有一定的具体操作技术的限制，另外，在细部的表现上有一定难度。

③计算机模型表现。运用计算机建模成为一种新的表现手段。它的优点在于可以像草图表现那样进行深入的细部刻画，又能做到直观具体而不失真，可以选取任意角度、任意比例观察空间造型。

（2）展示性表现

展示性表现是设计师对最终的方案设计的表现。它要求该表现应具有完整明确、美观得体的特点，充分展现方案设计的立意构思、空间形象以及气质特点。应注意以下几点：

①绘制正式图前作好充分准备，包括所有注字、图标、图题、车、人等的正式底稿的设计工作。这样可以在绘制正式图时不再改动，将精力着重放在提高图纸的质量上。

②选择合适的表现方法。图纸的表现方法很多，如铅笔线、墨线、颜色线、水墨或水彩渲染以及水粉表现、计算机绘图等。可根据自身掌握的熟练程度以及设计内容、特点来选择合适的表现方法。

6）方案设计中应注意的问题

在方案设计的过程中应注意以下几点问题：

（1）注重设计修养的培养

一个优秀的设计师除了需要具备渊博的知识和丰富的经验外，设计本身的修养也是十分重要的。思想境界的高低、设计方向的对错，无不取决于自身修养的深浅。

（2）注重正确的工作作风和构思习惯的培养

一个好的工作作风和构思习惯对方案构思是十分重要的。应该养成一旦进行设计就全身心投入的习惯，养成脑手配合、思维与图形表达并进的构思方式。

（3）学会通过观摩、交流，提高设计水平

对初学者而言，相互间的交流和对设计名作的适当模仿是提高设计水平的有效方法之一。

（4）注重进度安排的计划性和科学性

在确定发展方案后又推倒重来，是在课程设计中常出现的问题。方案构思固然重要，但并不是方案设计的全部。为了确保方案设计的质量水平，必须科学合理地安排各阶段的时间进度。

拓展训练与思考

1.景观设计的造型法则有哪些？

2.简述景观设计的程序。

3.做一个小型景观的设计方案。

项目模块3
景观设计绘图技巧

任务目标

能熟练绘制平面图表现。

能熟练绘制剖面图表现。

能熟练绘制立面图表现。

能熟练绘制透视图表现。

任务要求

掌握景园构成要素图例的基本绘图规律；掌握图面绘制的表现方法；掌握平面图表现的基本方法；掌握剖面图表现的基本方法；掌握立面图表现的基本方法；掌握透视图表现的基本方法。

知识链接

图纸中各个要素的尺度和比例。

图纸中特定颜色指代的种类。

图纸之间的相互关联和转换。

任务实施

景园构成要素图例（2学时）。

图面绘制的表现方法（2学时）。

平面图表现（2学时）。

剖面图表现（1学时）。

立面图表现（1学时）。

透视图表现（2学时）。

景园构成要素图例

　　景园构成要素图例可视为设计者的语汇，从事设计必须熟悉图例以表达设计内容。图例包括栽培、铺面、水、建筑物、交通工具、灯具、人物等。

3.1.1　植物图例

　　以下是植物图例（图3-1—图3-8）。

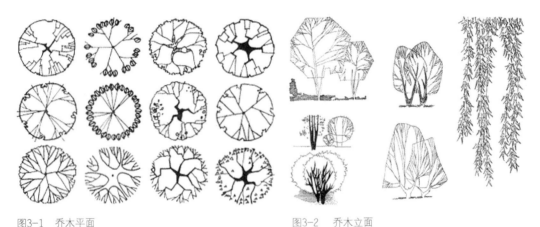

图3-1　乔木平面　　　　　　　　　　　　　　　　图3-2　乔木立面

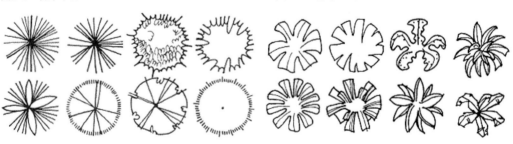

图3-3　针叶树平面图　　　　　　　　　　　　　　图3-4　热带植物平面图

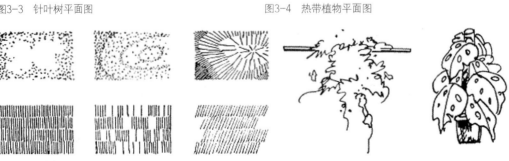

图3-5　地被植物平面图　　　　　　　　　　　　　图3-6　蔓性植物透视图

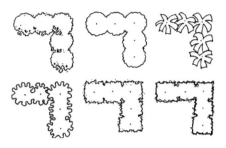

图3-7　灌木丛平面图　　　　　　　图3-8　灌木丛立面图

3.1.2　水系

以下是各种水系表达方式（图3-9）。

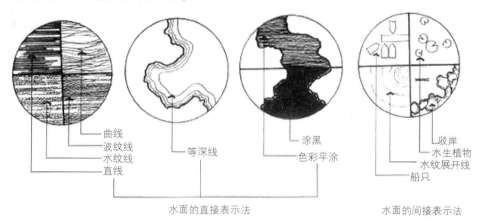

曲线
波纹线
水纹线
直线

等深线

涂黑
色彩平涂

驳岸
水生植物
水纹展开线
船只

水面的直接表示法　　　　　　　　　水面的间接表示法

图3-9　各种水系表达方式

3.1.3　石材

以下是各种石材表达方式（图3-10—图3-15）。

图3-10　圆形石材表达方式　　　图3-11　方形石材表达方式

图3-12　根据图片，用马克笔绘制

图3-13　太湖石（又名窟窿石、假山石，是一种石灰岩，"瘦、皱、漏、透"是其主要审美特征）

图3-14　假山石

图3-15　驳岸石

3.1.4 铺面

各种铺面如下（图3-16—图3-18）。

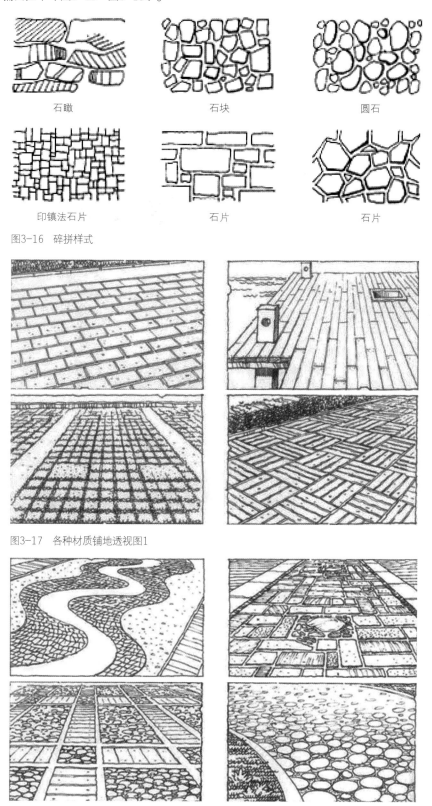

石瞰　　　　　　　　石块　　　　　　　　圆石

印镇法石片　　　　　　石片　　　　　　　　石片

图3-16　碎拼样式

图3-17　各种材质铺地透视图1

图3-18　各种材质铺地透视图2

在表现铺装地面时，应辅以合乎透视关系的横、直平行直线，与建筑物消失在同一灭点上，可增加画面的空间透视感。（图3-19）

图3-19　透视空间铺地马克笔润色效果

3.1.5　汽车

汽车设计如下（图3-20、图3-21）。

图3-20　汽车透视与润色效果

图3-21 汽车透视绘图步骤分解

3.1.6 人物

1）中景人物

中景人物设计如下（图3-22、图3-23）。

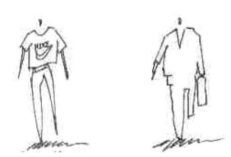

图3-22 年轻小伙、男士上班族、老人与小孩

图3-23 年轻女性、中老年妇女、时尚的老人与小孩

2）近景人物

近景人物设计如下（图3-24）

图3-24　画背影可以省略较难的细节

3.1.7　建筑物

建筑物表达方式如下（图3-25，图3-26）。

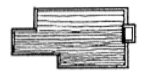

图3-25　平面图的屋顶表达

图3-26　立面图的建筑表达

3.1.8　灯具

灯具表达方式如下（图3-27）。

　图3-27　灯具速写

3.1.9 水景表现

水的形态分为流动感的水态、平静感的水态以及微风吹过的微微颤动的水态（图3-28）。

（a）   （b）   （c）

（d）   （e）   （f）

图3-28　各种水体的马克笔润色效果

图面绘制表现法

3.2.1 图面构图技巧

图面构图有4个技巧。

①水平式构图表示安定与力量。

②垂直式构图令人有严肃、端正的感觉。

③三角形构图的特点是给人一种强烈的刺激而愉快的感觉。

④长方形构图是普遍受人喜爱的方式，因此施工图、平面图均利用此法让图面均衡分布在画面上。

构图技巧示例（图3-29、图3-30）。

图3-29 注意左右均衡

图3-30　正式绘图之前绘制构图小样

3.2.2　图面着色

1）植物着色

（1）表现植物的基本方法和步骤。

起稿造型—上主要色—表现光影—配景—最后调整（图3-31—图3-33）。

图3-31　阔叶树

图3-32　热带树

图3-33 针叶树

（2）植物的明暗表现方法

①学会观察事物，把植物看成简单的几何形或者是块体（图3-34、图3-35）。

②掌握规律，丰富植物层次，加强立体感、光感（图3-36、图3-37）。

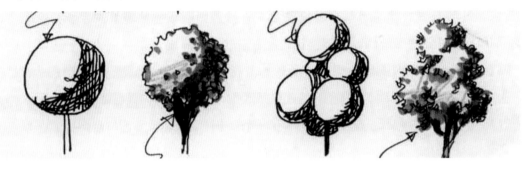

图3-34 近似球体的树形

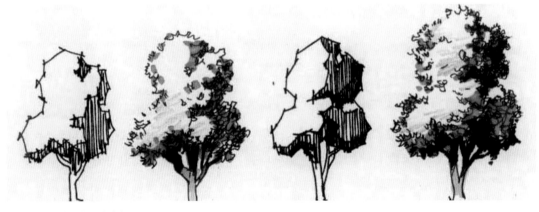

图3-35 分块组成树的姿态

图3-36 树干全暗表现、树干全亮表现、前亮后暗表现

图3-37　攀援植物

2）汽车着色

汽车着色步骤如下（图3-38）：

①汽车外表色彩，应考虑车辆的主要色彩关系，并注意用笔粗细以及用笔的方向。

②采用复笔方式或近似色表现汽车立面的立体感。

③采用浅灰色表现汽车玻璃。

④采用彩色铅笔(黄色)表现汽车的车头平面部分。

⑤加强汽车的立体感、光感以及质感。

⑥调整整体关系，包括立体感、环境色以及细部造型。

图3-38　汽车着色步骤

3.2.3 深度感表现法

1）质感表现法

质感表现技法如下（图3-39—图3-45）：

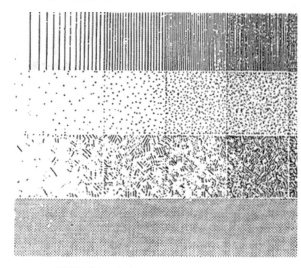

图3-40　表现树叶质感

图3-39　平面质感表现技法

图3-41　平面图质感

图3-42　前后植物的质感

图3-43　草坪在透视图重的质感

图3-44　粗线强调方法

图3-45 草坪及灌木在透视图中的质感

2)重叠与阴影表现技法

重叠与阴影表现技法如下（图3-46、图3-47）：

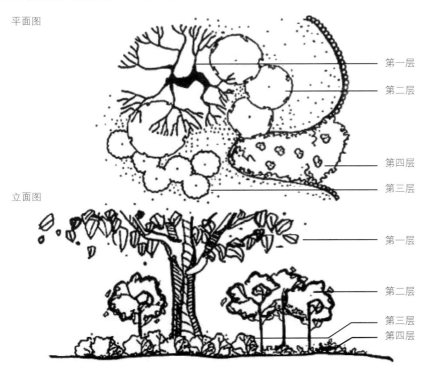

图3-46 重叠表现技法

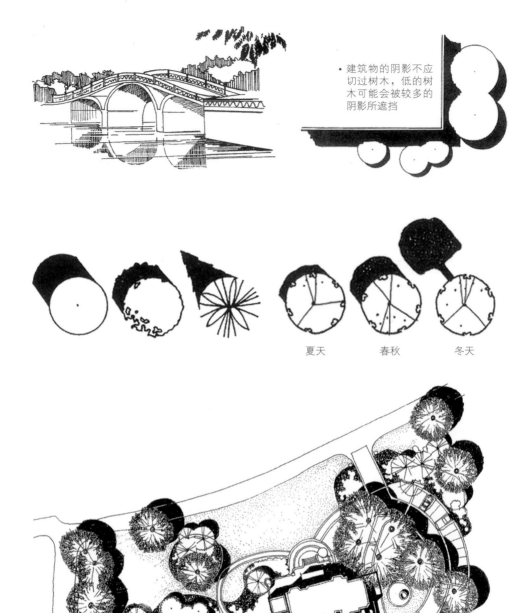

· 建筑物的阴影不应切过树木，低的树木可能会被较多的阴影所遮挡

夏天　　　春秋　　　冬天

图3-47　阴影表现

3.2.4　垂直夸张表现法

　　剖面图及立面图，主要是表示出垂直方向的空间变化情形。通常在大比例图中，由于水平距离的范围大，而使得垂直变化不明显。垂直夸张法就是将垂直比例放大，使高低差明显，以强化图示效果的方法。此方法常用于大区域剖面图中以表示区域间的关系，或在坡度分析及整地标示上利用（图3-48）。

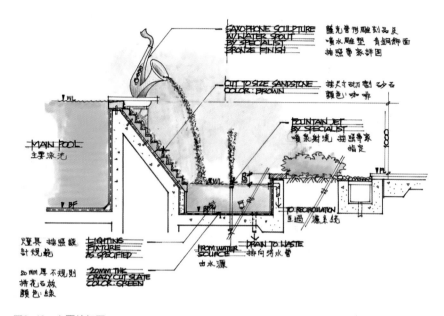

图3-48　立面扩初图

平面图表现

3.3.1 平面图的意义

平面图是根据正投影原理绘制的，与航空照片很相似，它表示物体的尺寸、形状及物体间的距离。平面图制作就是将在基地上各种不同元素的详细位置及大小标示于图面上。

3.3.2 平面图的种类

平面图有6种（图3-49—图3-56）。
①说明资料类（区域图、邻近关系位置图）。
②基本资料类（基地范围图、地形图、植栽现状图、土地使用现状图等）。
③分析图（基地分析图、景观分析图、坡度分析图等）。
④设计概念图（设计概念图解等）。
⑤设计图（设计草图、正图等）。
⑥施工图（土木、水电、建筑施工图、景观植栽施工图等）。

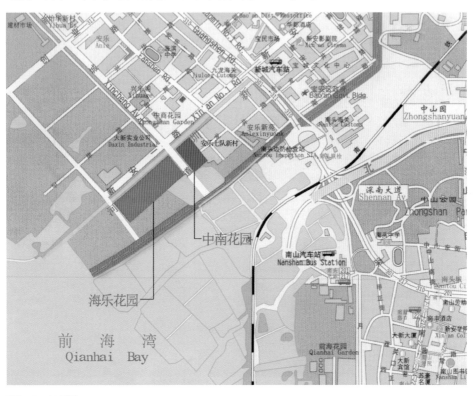

　图3-49　区域图

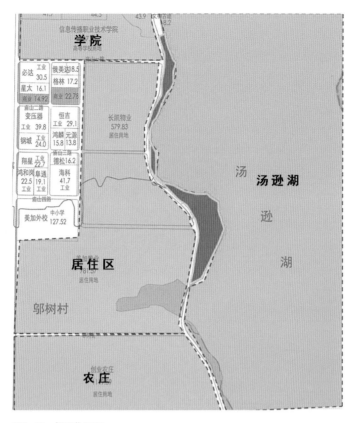

图3-50 邻近位置图

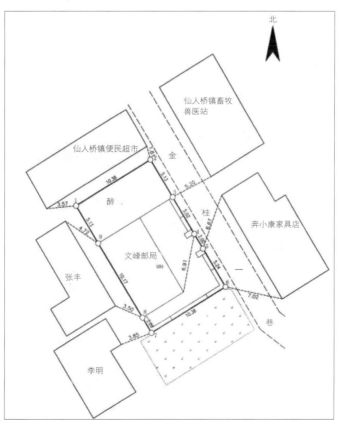

图3-51 地籍图

地籍图是表示土地权属界线、面积和利用状况等地籍要素的地籍管理专业用图，是地籍调查的主要成果。

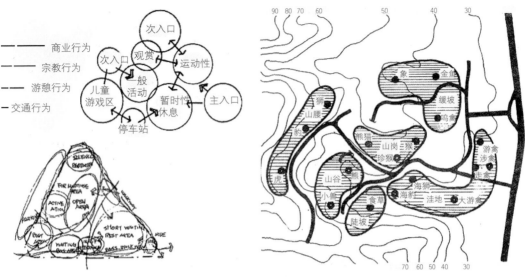

图3-52　泡泡图解

图3-53　地形图

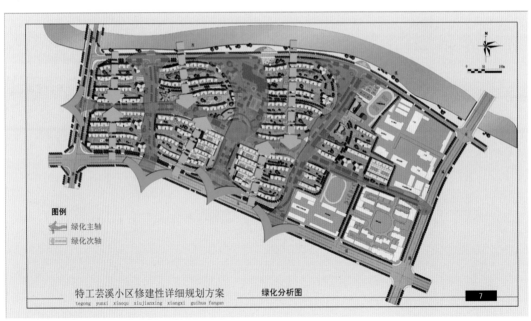

图3-54　景观分析图

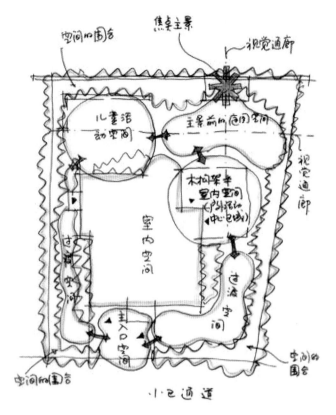

图3-55　设计草图

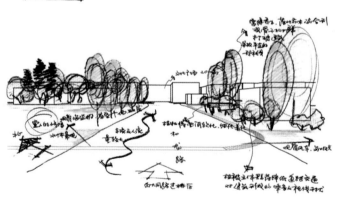

图3-56　设计概念图解

剖面图表现

3.4.1 剖面图的意义

剖面图是描绘物体假想平面剖切后正投影，它着重于空间性质研究和处理。如果从某一视点方向切去，所得的断面图称为纵剖面图；垂直此方向切割所得的断面图称为横剖面图。绘制剖面图使用的比例尺与平面图、立面图相同。

3.4.2 剖面图种类

1）剖面图或立面图。

剖面图或立面图仅表示切割面所呈现的物象（图3-57）。

图3-57 剖面图或立面图

2）剖立面图

剖立面图不仅表现切割线的剖面，也表示这线后的意象（图3-58）。

图3-58 剖立面图

3）剖面透视图

剖面透视图除表示切割线的剖面外，也将线后的景象以透视表现出来（图3-59）。

图3-59　剖面透视图

3.4.3　剖面图的功能

剖面图依其绘制目标有许多不同的功能（图3-60—图3-67）。

图3-60　说明地形房屋位置及户外的关系

图3-61　说明植被分布及其垂直高低的关系

图3-62　依比例变化说明画面空间大小

图3-63　利用装饰性元素说明空间与人为活动的关系

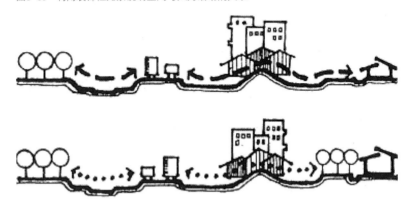

图3-64　说明垂直空间表里、上下层次的变化关系

图3-65　说明垂直空间中不同界面的处理情形

图3-66　说明各种看来相似平面图的立面设计

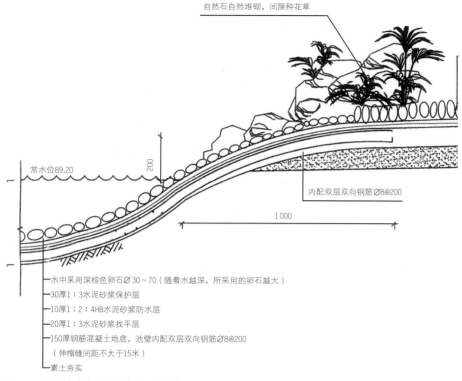

自然石自然堆砌，间隙种花草

常水位89.20

200

内配双层双向钢筋Ø8@200

1 000

— 水中采用深棕色卵石Ø30～70（随着水越深，所采用的卵石越大）
— 30厚1：3水泥砂浆保护层
— 10厚1：2：4HB水泥砂浆防水层
— 20厚1：3水泥砂浆找平层
— 150厚钢筋混凝土地底，池壁内配双层双向钢筋Ø8@200
（伸缩缝间距不大于15米）
— 素土夯实

图3-67　能有效地表达出整个景观的气氛

3.4.4　剖面图的特性

剖面图显示了被切的表面和（或）侧面轮廓线。景观剖面图有以下两个特性。

①一条明显的剖面轮廓线。

②同一比例绘制的所有垂直物体，不论它距此剖面线多远。

3.4.5　剖面图绘制方法

剖面图绘制可由平面图拉出剖面图。具体方法如下（图3-68）：

①先在图纸上，定一条显示剖面的切线（AA）。利用已知的相对关系的高度资料，在这条切线上，将每一个与垂直面有关的点做一个记号。在如下的例子中，每一条等高线代表高于池塘水面5英尺（1.52米）。

②移开图纸，画一系列比切线高或低的水平平行线条，代表划分垂直高度变化为均等之等分。

③另拿一张图纸，画出对应它们正确高度的实体面貌，并加深剖面线。

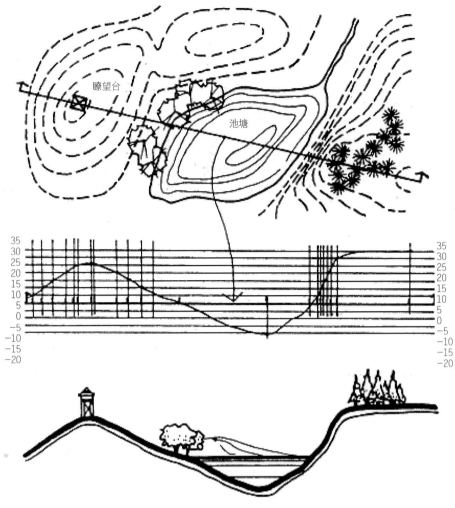

图3-68　剖面图绘制法

3.4.6　剖面图主要表达的意义

①强调垂直元素与活动及机能的相关重要性。

②显示在配置平面图中隐藏而无法显示的元素，如洞穴、挑悬、水的深度及地下物体。

③分析优势地点的景观及视野。

④研究地形。

⑤说明景观资源。

⑥说明气候及微气候的重要性。

⑦用于灯光研究。

⑧说明生态学上的关系。

⑨用以显示建造元素的内部结构。

立面图表现

3.5.1　立面图的意义

立面图较平面图易于了解，它与我们实际观看空间的方向相似，并将观赏者视觉高度与设计物体之间的关系以等比例单位尺寸表现在二度空间图面上。所以，它表达了水平和垂直方位的关系，使人们更易于了解设计物体的实际形象（图3-69）。

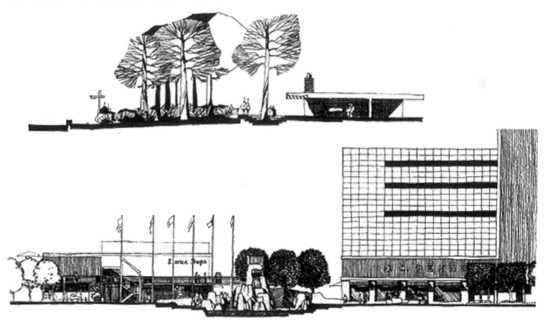

图3-69　立面表现图

3.5.2　立面图的表达方式（图3-70）

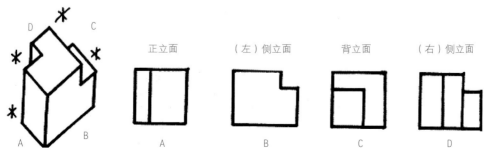

图3-70　轴测图与各个立面图

透视图表现

透视图是一种与真实视线所见的空间或物体情况非常相近的图，它可以表现出三度空间的特质。

透视，通常我们称为透视图，可给人一种深度感。它可以用来表达封闭性、私密性及开放性等，也可以表现空间、时间和光的关系，更可以表达空间中视觉的丰富性，这是在平面、立面和剖面图中难以表现的。

3.6.1 透视图的意义

透视图即透视投影。在物体与观者的位置间，假想有一透明平面，观者对物体各点射出的视线与此平面的相交点，其所形成的图形如同人眼的视物或相机的摄影，据此原理所绘的图称为透视图。

3.6.2 透视图的种类

透视图的种类如下（图3-71、图3-72）：

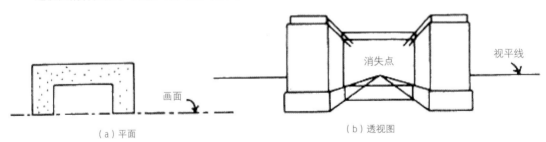

（a）平面　　　　　　　　　　　　　　　（b）透视图

平行或一点透视系统

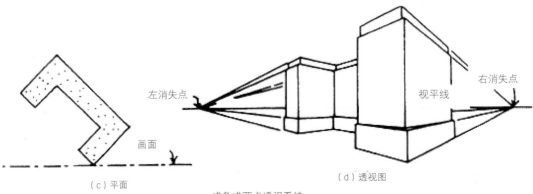

（c）平面　　　　　　　　　　　　　　　（d）透视图

成角或两点透视系统

图3-71　一点透视与两点透视

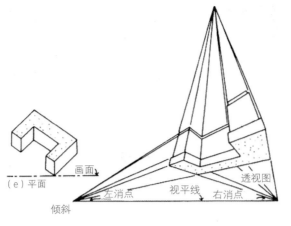

图3-72 透视图种类

1）一点透视

所谓一点透视，即物体之消失点仅有一点。它是将物体的一个面与画面平行，该面在透视图上仍然保持同样的方向。它适用于表现较大且对称的景物，显得端庄和稳重。

2）两点透视

所谓两点透视，是将画面与物体构成一任意角度，使物体消失于两个灭点上，物体的垂直线仍然保持同样的方向与高度，表现出动态的特性。它适用于画外景。

3）三点透视

所谓三点透视，是将物体扭转成一个角度，与画面倾斜。因此，物体上没有一条线平行于画面，3个方向均对画面构成一个角度，也分别消失于3个灭点上。它适用于表现高大、雄伟的建筑及视野较大的透视鸟瞰效果。

3.6.3 透视图绘制法

画透视图应具备以下5个条件。
①决定视点的高度。
②目的物与视点的距离。
③确定视心。
④确定比例尺。
⑤图面各元素及焦点区的组织。

3.6.4 透视图的表现

透视图的表现如下（图3-73，图3-74）：
①前景、中景及背景。
② 头顶面、地板面及垂直面。
③重叠及简化。
④对比及明暗调的平衡。
⑤光线特质、阴影。

图3-73 一点透视

图3-74 两点透视

学生考核评定标准

序号	考核项目	考核内容及要求	配分	评分标准	得分
1	景园构成要素	典型图例默写	15	比例10分、整体效果5分	
2	图面绘制表现方法	典型图纸抄绘	15	比例10分、整体效果5分	
3	平面图表现	典型图纸抄绘	15	比例10分、整体效果5分	
4	剖面图表现	典型图纸抄绘	15	比例10分、整体效果5分	
5	立面图表现	典型图纸抄绘	15	比例10分、整体效果5分	
6	透视图表现	典型图纸抄绘	25	比例10分、透视10分、整体效果5分	

拓展训练与思考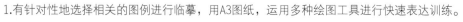

1.有针对性地选择相关的图例进行临摹，用A3图纸，运用多种绘图工具进行快速表达训练。

2.选择一套图纸，将其复印后，练习使用彩色铅笔和马克笔上色。

项目模块4
空间设计

任务目标
根据某庭院规划图进行景观方案设计。

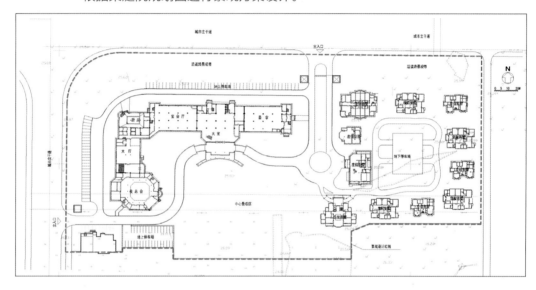

任务要求
创意构思。
总平面布置。
功能分区与交通组织。

知识链接
了解当地文化背景。
空间设计处理。

任务实施
空间的形式（2学时）。
空间的围合（4学时）。
空间的感觉（2学时）。
空间的处理（4学时）。

空间的基本概念和内容

　　人们通常认为，凡是建筑的室内空间都称为内部空间，几乎一切不属于内部空间的生产、生活空间都被称为外部空间。建筑设计着重研究建筑的内部空间，而环境景观设计则着重研究外部空间的设计。

　　就环境景观设计而言，空间是主角。对环境景观课的学习必须首先对空间有一个较系统的认识，特别是对外部空间的认识。每个空间都有其特定的形状、大小、构成材料、色彩、质感等构成因素，它们综合地表达了空间的质量和空间的功能作用。设计中既要考虑空间本身的这些质量和特征，又要注意整体环境中诸空间之间的关系。

4.1.1　空间及其构成要素

　　空间的创造一直为设计师们所关注，有关空间设计的理论也层出不穷。谈到空间，设计师总喜欢引用老子《道德经》中的"埏埴以为器，当其无，有器之用；凿户牖以为室，当其无，有室之用……"一段话来说明空间的本质在于其可用性，即空间的功能作用。一片空地，无参照尺度，就不成为空间，但是，一旦添加了空间实体进行围合，便形成了空间，容纳是空间的基本属性。

　　"地""顶""墙"是构成空间的三大要素，地是空间的起点、基础；墙因地而立，或划分空间或围合空间；顶是为了遮挡而设。地与顶是空间的上下水平界面、墙是空间的垂直界面。与建筑室内空间相比，外部空间中顶的作用要小些，墙和地的作用要大些，因为墙是垂直的，并且常常是视线容易到达的地方。

　　空间的存在及其特性来自形成空间的构成形式和组成因素，空间在某种程度上会带有此类因素的某些特征。顶与墙的空透程度、存在与否决定了空间的构成，地、顶、墙诸要素各自的线、形、色彩、质感、气味和声响等特征综合地决定了空间的质量。因此，不仅要认识到地、顶、墙诸要素的自身特征，而且要考虑如何使这些特征能准确地表达所希望形成的空间的特点。

4.1.2　空间的形式

　　为了系统地认识空间、掌握各种空间的特点和变化规律，需要对空间的形式有所了解。空间形式有很多种，这里主要介绍按空间限定分类的形式（图4-1）。

地　　　　　　　　墙　　　　　　　　顶

图4-1　构成空间的三要素

1）围合形成的空间

　　围合所形成的空间是最典型和最容易被理解的空间形式。空间的围合质量与封闭性有关，主要反映在垂直要素的高度、密实度和连续性等方面。高度分为相对高度和绝对高度。相对高度是指墙的实际高度和视距的比值，通常用视角或高宽比D/H表示（图4-2）。绝对高度是指墙的实际高度，当墙低于人的视线时空间会显得较开敞，高于视线时空间会显得较封闭。空间的封闭程度由这两种高度综合决定。影响空间封闭性的另一因素是墙的连续性和密实程度。同样的高度，墙越空透，围合的效果就越差，内外的渗透就越强（图4-3）。不同位置的墙所形成的空间封闭感也不同，其中位于转角的墙的围合能力较强（图4-4）。

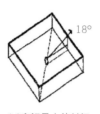

| 1:1空间十分封闭 | 1:2空间较封闭 | 1:3空间最小的封闭 | 1:4空间不封闭 |
| （a） | （b） | （c） | （d） |

图4-2　空间的高度影响

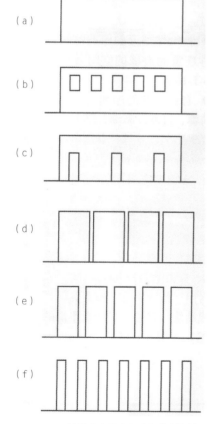

图4-3　墙的密实程度与空间的封闭性

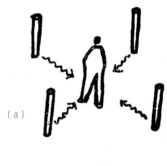
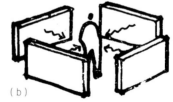
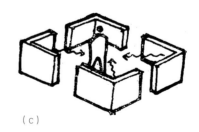

图4-4　空间的密实程度

2）覆盖或架空形成的空间

　　覆盖形成的空间可以起到遮蔽的作用，如遮烈日、避风雨等。作为抽象所表达的覆盖形式由于技术原因，一般都采取在下面支撑或在上面悬吊限定要素来形成空间（图4-5）。

图4-5　某小品设计

3）高差形成的空间

英国著名建筑师戈登·库仑（Gordn Gdlen）在《城镇景观》一书中说道："地面高差的处理手法是城镇景观艺术的一个重要部分。"利用地面的高差，可以简单而微妙地分隔一些不同性质的活动，改变地面的行走节奏、划分新的空间、创造场所感（图4-6）。

4）设置形成的空间

设置形成的空间是把物体独立设置于空间中所形成的一种空间形式（图4-7）。中心的限定物往往是吸引人们视线的焦点。在限定要素的周围形成了一种环形空间，使空间具有向心性。

图4-6　国外某景观设计

图4-7　国外某景观设计

5）质地变化形成的空间

质地变化形成的空间，主要是指变化底面要素的质地和色彩所形成的空间。其限定要素具体的限定度低，但有时抽象的限定度又可能相当高，如城市道路的人行横道线（图4-8）；草坪中的一块铺装，使空间产生分隔感（图4-9）。这种空间的空间感不强，只有地这一构成要素暗示着一种领域的空间。有关这一部分的内容，后面第六章第二节会有详细介绍。

图4-8　上海浦东某处街道地面铺装

图4-9　草坪中的一块铺装使空间产生了分隔感

4.1.3　空间的感觉

人对空间的感觉可分为生理感觉和心理感觉。这里主要讨论的是心理方面的感觉，如对空间的形态、大小、比例、方向以及空间对人产生的视觉心理影响等。

1）群体空间的空间感

群体空间的空间感可分两种情况。

（1）序列空间

指按一定关系定位、排列，具有鲜明秩序感的群体空间。它包括：

◆　按轴线展开的序列空间。它具有庄重而肃穆的空间效果（图4-10）。

◆　自由展开的序列空间。它具有前奏、过渡、高潮、尾声这样一条逻辑序列，并且具有自由、活泼的布局（图4-11）。

图4-10　南京中山陵全景图

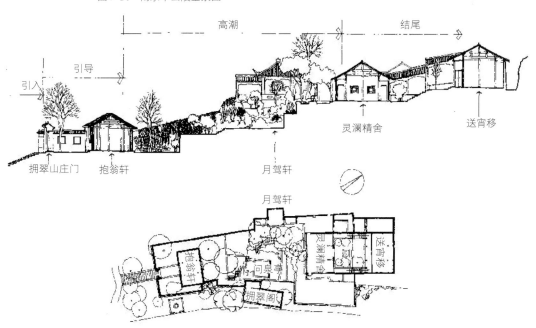

图4-11　苏州拥翠山庄空间序列

（2）组合空间

指按空间构图规律进行组合形成的群体空间。它包括：

◆ 规则排列的组合空间。它具有节奏感、韵律感（图4-12）。

◆ 自由散点式组合空间。它排列自由、组合多变、布置灵活，能造成活泼、轻松、多变而丰富的空间感（图4-13）。

图4-12 武汉某大学入口广场效果图　　　　　　　　图4-13 某公园局部景观

2）空间的尺度感

根据人眼的视野范围，在一般情况下，视点与物体的距离（D）与物体的高度（H）之比等于2时，可以看到物体的全貌。当D/H=1时，限定物高度与间距有匀称感；D/H>1时，限定物之间产生远离感；D/H<1 时，限定物之间产生紧逼感（图4-14）。

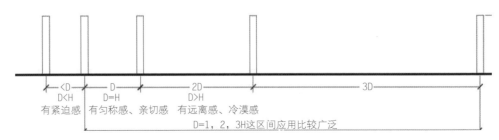

图4-14 空间的尺度感

4.1.4　空间的处理

空间处理应从单个空间本身和不同空间之间的关系两方面去考虑。单个空间的处理中应注意空间的大小和尺度、封闭性、构成方式、构成要素的特征（形、色彩、质感等）以及空间所表达的意义或所具有的性格等内容。多个空间的处理则应以空间的对比、渗透、序列等关系为主。

空间的大小应视空间的功能要求和艺术要求而定。大尺度的空间气势壮观、感染力强，常使人肃然起敬，多见于宏伟的自然景观和纪念性空间。有时，大尺度的空间也是权力和财富的一种象征，如北京的颐和园、法国巴黎的凡尔赛宫苑等帝王园林中，就不乏巨大尺度的空间。小尺度的空间较为亲切怡人，适合大多数活动的开展，在这种空间中交谈、漫步、坐憩，常使人感到舒坦、自在。

为了塑造不同性格的空间，就需要采用不同的处理方式。宁静、庄严的空间处理应简洁，流动、活泼的空间处理要丰富。为了获得丰富的园林空间，应注重空间的层次。获得层次的手段有添加景物层次、设置空透的廊、开有门窗的墙和稀疏的植物种植4种。

在有限的地域中要想扩大空间，可采用借景或划分空间的方式。"园虽别内外，得景则无拘远近。"借景是将园外景物有选择地纳入园中视线范围之内，组织到园景构图中去的一种经济、有效的造景手法。这样，不仅扩大了空间，还丰富了空间层次。例如，苏州拙政园远借北寺塔塔影的景观就十分成功。空间的划分能丰富空间层次、增加景的多样性和复杂性，拉长游程，从而使有限的空间给人以扩大之感；但若处理不当，则会给人带来不适之感。

空间的对比是丰富空间之间的关系，形成空间变化的重要手段（图4-15）。当将两个存在着显著差异的空间布置在一起时，由于大小、明暗、动静、纵深与广阔、简洁与丰富等特征的对比，使这些特征更加突出。没有对比，就没有参照，空间就会显得单调、索然无味，大而不见其深，阔而不显其广。例如，当将幽暗的小空间和开敞的大空间安排在空间序列中时，从暗小的空间进入较大的空间，由于小空间的暗、小衬托在先，从而使大空间给人以更大、更明亮的感受，这就是空间之间大小、明暗的对比所产生的艺术效果。在我国古典园林中，不乏巧妙地运用空间对比获得小中见大的艺术效果的佳例。例如，南京瞻园采用小而暗的入口空间、四周封闭的海棠小院、半开敞的玉兰小院等一系列小空间处理入口部分，作为较大、较开敞的南部空间的序景来衬托主要景区。

当将一系列的空间组织在一起时，应考虑空间的整体序列关系，安排游览路线，将不同的空间连接起来，通过空间的对比、渗透、引导，创造富有性格的空间序列。在组织空间、安排序列时，应注意起承转合，使空间的发展有一个完整的构思，创造一定的艺术感染力（图4-16）。

（a）用封闭的空间作对比　　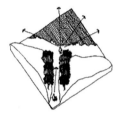（b）用窄长的空间做对比　　（c）用暗、小的空间做对比

图4-15　空间的对比

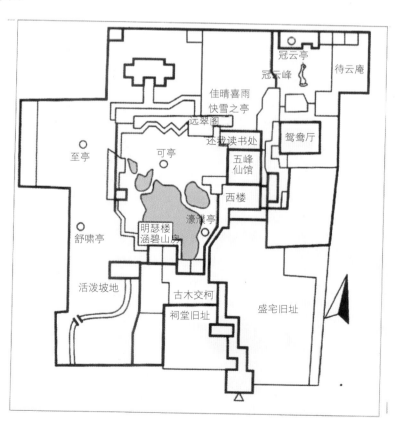

图4-16　苏州留园空间对比

空间底界面的处理

4.2.1 底界面材料选择

　　底界面是园林空间的根本，不同的底界面体现了不同空间的使用特性。宽阔的草坪可供坐憩、游戏；空透的水面、成片种植的地被物可供观赏；硬质铺装、道路可疏散人流。通过精心推敲的形式、图案、色彩和起伏，可以获得丰富的环境资源，提高空间的质量。

　　用于底界面的材料很多，有混凝土、块石、缸砖等硬质的，也有草皮、低矮的灌木等软质的。另外，还有以视觉为主的，如水面、细碎石子和砂砾等。不同的材料在交通和视觉作用上各有特点。选择材料时可考虑下面一些因素。

　　①空间中地的使用性质，包括交通和视觉两方面。

　　②控制使用时，可用水面或行走不易的材料。

　　③表面有令人愉快的色彩、图案、质感。

　　④避免使用易产生噪声、反光和起灰尘的材料。

　　⑤较耐用，不易磨损的材料应该用于使用强度较高的地段。

　　⑥材料来源方便、养护容易、费用低。

4.2.2 底界面视觉效果

图4-17　某城市广场一角地面铺装

　　为了创造视觉层次丰富的空间，应把握住地的材料选择、平面形状、图案、色彩、质感、尺度等。

　　①构成地的材料不同，地面所具有的质感也不同。利用不同质感的材料之间的对比能形成材料变化的韵律节奏感。例如，某城市广场空间，整个地面的图案由草皮和硬质铺装两种材料组成，一硬一软、一明一暗，地面的平面构图十分简洁明快，有一种与现代城市景观相和谐的气氛。同时，还避免了夏季地面过热，改善广场的小气候条件，这无疑是不可多得的设计佳例（图4-17）。

　　②设计中应考虑地面的图案、风格，尽量避免大面积单一地使用一种材料铺装地面。地面若用硬质材料，应注意地面的风格。若空间构成简洁，可结合空间的形状、色彩、风格，对地面作些精心安排，使空间稍有变化（图4-18）。

③用预制块、条石、缸砖等尺寸和形状规则的材料铺装地面时，应拼合成具有一定质感和图案的平面（图4-19）。

④屋顶或建筑天井等类似的低视面也可按地的处理方式设计，但应注重平面构图、图案的设计、色彩和质感的应用（图4-20）。一些屋顶或建筑天井，不必过多地考虑使用功能，可以使用地面上不易使用的、以观赏为主的材料。

图4-18 某城市广场地面铺装

图4-19 某城市街道地面铺装

图4-20 限制性地面铺装

4.2.3 限制性地面

地面若要使用，就应该平整、耐用。但是，有时有些地段并不希望大量地使用，但又必须使视线通透；或只希望行人使用，而不允许一般车辆驶入。这类地面可以根据具体情况加以特殊处理，如采用仄立的卵石铺面、嵌草的混凝土块、散铺嵌草的块石等（图4-21）。

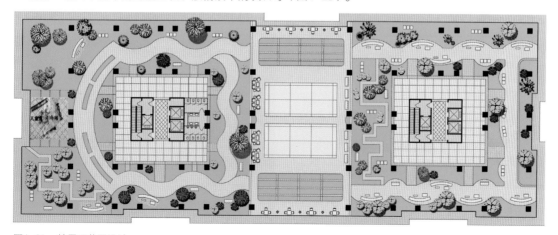

图4-21 某屋顶花园设计

空间的围合

外部空间的围合因素主要包括地形、建筑物、植物和小品设施4大类。按照它们对空间的限定强度，可将建筑物与地形归纳为主围合因素，植物和小品称为次围合因素。

4.3.1 主围合因素——建筑物与地形

建筑物围合空间时，建筑物墙面的高度对空间的封闭性有直接的影响。当墙高为30厘米左右时，墙面只是区别领域，几乎没有封闭感；当墙高为60厘米左右时，空间在感觉上有连续性，仍然没有封闭的感觉；当墙高为90厘米时，情况仍然和前雷同；当墙高为1.2米时，人的身体的大部分被遮蔽，给人一种安全感；当墙高为1.5米时，一般人除头部外，身体被遮挡，空间产生一定的封闭性；当墙高达到1.8米以上时，人几乎被完全遮挡，空间具有封闭性。因此，研究建筑物围合空间时，墙面的高度是一个重要因素。

不同地形给人不同的感受。平原上的山顶可给人一种暴露、开敞，心情开阔的感觉，当然，无边无际的开阔也可能给人一种孤独感。洞穴、峡谷可给人一种隐蔽感、亲切感，过深过暗的洞穴、峡谷又会给人一种恐惧感。

4.3.2 次围合因素——植物及建筑小品

植物材料和建筑材料一样可以围合空间，建筑空间是由墙、天花板和地板围合而成的，而植物空间则是由树篱、树冠和草地围合而成。所不同的只是由于植物是有生命的，植物材料的运用要比一般建筑材料的运用更加难于控制（图4-22）。

各类小品设施按其空间围合不同，所起的作用不尽相同。像灯具、果皮箱、用水器、标志牌、雕塑、种植容器、护柱、座椅等都有不同的应用（图4-23—图4-25）。

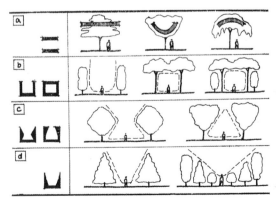

图4-22 次围合因素

图4-23 灯具的应用

图4-24　广告牌的应用

图4-25　园椅与花池的应用

学生考核评定标准

序号	考核项目	考核内容及要求	配分	评分标准	得分
1	空间要素和形式	简述空间要素和形式	20	不标准扣5分以上	
2	空间的围合	举例说明空间的围合方法	25	不正确扣5分以上	
3	空间的感觉	举例说明不同空间的感觉	25	不正确扣5分以上	
4	空间的处理	举例说明空间的处理	30	不正确扣10分以上	

拓展训练与思考

1.在院校所在地附近居住小区的小游园寻找多种空间围合要素，并记录心得。

2.在所读院校找出5种不同形式空间代表实例，并进行文字说明。

3.在院校所在地城市一著名景点游览，体验不同空间的感觉，并作好记录。

4.寻找校园景观空间不合理的位置，提出解决方案，要求运用空间处理方法。

项目模块5
水景设计

任务目标
根据某庭院园林设计总图进行水景营造。

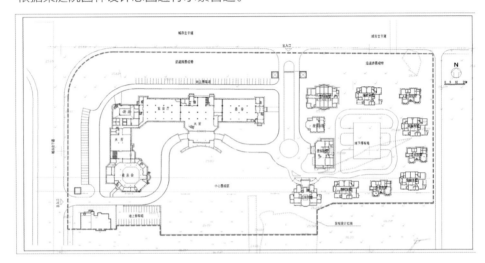

任务要求
水形设计。
驳岸设计。
水景小品。

知识链接
景观循环水利用原理。
水的几种造景手法。

任务实施
水的形式、特性和设计（2学时）。
水的尺度和比例（2学时）。
水的平面限定和视线（2学时）。
水的几种造景手法（4学时）。

水的作用、特性和设计

5.1.1　水的作用

　　水是生命之源，人们在依靠水生存的同时，也欣赏水、品尝水、感悟水，并创造水景来美化生活。临水而居，饮水而思，面水而歌，沿水而行，是人与水的密切关系的真实写照。

　　发展到现今，人们还利用新技术、新材料去模拟自然、创造水景，如音乐喷泉、旱地喷泉、大型跌水、水帘等。

　　"仁者乐山，智者乐水"，寄情山水的审美理想和艺术哲理，深深地影响着中国园林。在我们的祖国，秀丽的山川湖泊、浓郁的乡土风情，创造了诗情画意般的山水园林，而理水又成为构成景观的基本因素之一，是中国园林的重要组成部分。

5.1.2　水的特性

　　"水者，地之血气，如筋脉之流通也。"水，深受人们喜爱源于其自身的特性。

1）水的形式多样

　　水无固定形态且具有很强的可塑性，因此，其形状变幻莫测。有止水如镜、涟漪微现、波光粼粼、泉水叮咚、涓涓细流，也有波涛汹涌、波澜壮阔，有千里冰封，也有惊涛骇浪。水的多变性使之成为景观设计中无可比拟的造景要素，水可以营造出形式丰富的美景。同时，还能与其他环境要素以多种方式进行搭配造景（图5-1—图5-5）。

图5-1

图5-2

图5-3　涓涓细流　　　　　　　　　图5-4　波涛汹涌　　　　　　　　图5-5　千里冰封

2）水的感官效应

　　人们对水的喜爱源于水能给人以感官上的愉悦。视觉上，水原本纯净透明，与其他元素结合却可以带来神奇的效果：光对水的折射产生斑驳陆离的美景（图5-6、图5-7），水在色彩纷呈的灯光映衬下色彩斑斓，花草树木投影在水面形成奇妙的虚幻美景；触觉上，水凉爽、湿润、亲切、柔和，人们在水中游泳、沐浴、嬉戏，享受水给人带来的畅快清凉，还可以享受垂钓、漂流、冲浪的无限乐趣；听觉与知觉上，滴滴水声如"大珠小珠落玉盘"般悦耳动听，涓涓溪流如轻音乐，能够涤荡都市人疲乏的心灵，而气势磅礴的瀑布、波涛汹涌的海浪则响彻人耳，给人以心灵的震撼（图5-8—图5-11）。

图5-6　止水如镜呈现植物倒影　　　　图5-7　植物倒影色彩斑斓　　　图5-8

图5-9　　　　　　　　　　　　图5-10　　　　　　　　　　　图5-11　汹涌澎湃

3）水的生态作用

　　水能净化环境，减少空气中的尘埃，增加空气中的湿度，降低空气的温度。水珠与空气中分子的撞击能产生大量的负离子，被人们称为"空气保健素"，具有改造环境卫生乃至医疗保健的生态作用。这是水在人居环境中一个建设性的作用。

4）水的季节变化

　　水在春、夏、秋季是液态，而在冬季往往呈现为固态，水的温度也显示出夏天高、冬天低的季节变化。水也是很多生物如鱼类，水生、湿生植物等生长的环境，不同的季节，动植物的生长有不同的态势，使整个水环境呈现出明显的季节变化（图5-12、图5-13）。

图5-12   图5-13

5）水的意境

当你来到江畔、湖边，烟波浩淼的水面，优美的湖光山色，令人流连忘返。当你来到江南水乡，河流交织、小桥流水、楼台林木、怪石嶙峋、景观掩映、风光旖旎，使人情趣盎然。这些都是由水而产生的意境。"日出江花红胜火，春来江水绿如蓝"，"两水夹明镜，双桥落彩虹"，都是对由水而生的意境的描述。

5.1.3 水的设计

1）源于自然、高于自然

中国传统理水艺术强调对自然水景特征的概括、提炼和再现，对自然形态的表现不在于规模大小，而在于其特征表现的艺术真实，突出"虽由人作，宛如天成"的意境。但在水景创作中并不局限于大自然水体的原始美，而是可以创作更为形式多样、姿态更为奇幻的水景。设计手法着重在于：

◆ 对自然水态的模仿与提炼。
◆ 对水性的把握。
◆ 对水的意境的营造。

2）参与性的考虑

主体的大众化，使现代水景设计强调主体的参与性。

人具有亲水性，在设计中对人的亲水性要给予充分考虑。

在以水为主题的环境中，不仅要设计供人们观赏的主水景观，更要多提供能让人们直接参与的游泳池、戏水池、旱喷泉广场等，使人们在水中畅游或在水中嬉戏，直接感受水的清澈和纯净。（图5-14）

水环境要素的尺度要以人的生活尺度为基本标准，设计具有亲和力的水景观。首先，在设计时应根据功能需求和空间构图需求合理安排水体，使之能融入环境中；其次，要协调好水体中各景观要素的关系，如水池、喷泉、瀑布以及小品雕塑的合理搭配和组织，在水体设计时要做到主次分明、动静有序；最后，就是注意水体能否让人接近，如水池岸的高度、水的深浅以及水的形式能否满足人的亲水性要求。

3）水与其他环境要素的结合

（1）水和建筑的结合

在中国传统景观设计中，亭、廊等建筑多环绕水池而建，形成水榭、不系舟、临水平台、水廊等临水建筑。这些临水建筑可以产生优美的倒影，显得平远、闲适、静雅，丰富了水景的造型艺术。它们既为人们提供了休息和观赏水景的场所，也赋予水体以特殊的含义。或筑堤横断于水面，或架曲折的石板小桥，或涉水点以步石。亭桥与廊桥在游览线上起着点景和休息的作用，在远观上打破水平线构图，有对比造景、分割水面层次的作用，使水面有幽深之感（图5-15—图5-17）。

图5-14　水体参与性的设计

图5-15

图5-16

图5-17

（2）水与小品结合

在城市景观中，水体往往是和雕塑、石等结合起来，共同塑造一个完整的视觉形象。水从雕塑的各个部位流出来，创造出奇异的效果。雕塑和喷泉结合为一体，布置在水体中央，形成主景。在中国园林中，喜用假山石点缀水环境。"石令人古，水令人远"，水与石相结合，刚柔并济，对比鲜明，易于突出主题（图5-18—图5-20）。

（3）水与水生动物、植物的结合

在宽阔的水面上或在带状水面岸边种植睡莲、荷花、芦苇等水生植物，形成荷花池之类的以观赏植物为主题的景观，在岸边栽植姿态优美的植物，倒影在水中，也别有一番情趣。这样的植物有垂柳、梅花、迎春等。另外，在水中养殖具有观赏价值的鱼类等水生动物，可以欣赏鱼类等在水中追逐嬉戏的美景（图5-21、图5-22）。

图5-18

图5-19　水体与桥结合设计

图5-20　水体与水品结合设计

图5-21　水生植物

图5-22　水生动物

水的形式、尺度和比例

5.2.1 水的形式

1）水源的种类

◆ 引用原江河湖的地表水。

◆ 利用天然涌出的泉水。

◆ 利用地下水。

◆ 人工水源。直接用城市自来水或设深井水泵抽水。

2）水体的类型

水景的形式相当丰富，可作如下划分。

（1）按水体的形式分

◆ 自然式的水体：是保持天然或摹仿天然形状的江、河、湖、溪、涧、泉、瀑等。

◆ 规则式的水体：人工开凿成的几何形状的水面，如规则式水池、运河、水渠、方潭、水井，几何体的喷泉、叠水、瀑布等，常与山石、雕塑、花坛、花架、铺地、园灯等园林小品组合成景。

◆ 混合式的水体：是两种形式的水体交替穿插或协调使用。

（2）按水流状态分（图5-23）

（a）平静的：湖泊、水池、水塘

（b）流动的：溪流、水坡、水道、水涧

（c）跌落的：瀑布、水帘、壁泉、水梯、水幕墙

（d）喷涌的：各种类型的喷泉

图5-23 水体的四种基本形式

◆ 平静的水体：海、湖、池、沼、潭、井水等。它们能反映微波倒影、天光水色，给人以明洁、恬静、开朗、幽深或扑朔迷离的感觉（图5-24）。

◆ 流动的水体：江河、溪流、水坡、水道、水涧、曲水流觞等。它们给人以清新明快、愉悦之感。

◆ 跌落的水体：瀑布、水帘、壁泉、水梯、水墙等。它们给观者以激烈的冲击感（图5-25）。

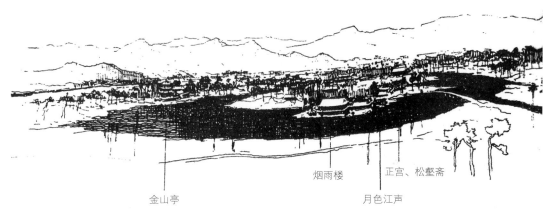

烟雨楼

正宫、松壑斋

金山亭

月色江声

承德离宫东南部湖泊，给人以引人入胜和不可穷尽的幻觉

图5-24　静态水体

图5-25　动态水景给人以变幻多彩、明快和轻松之感

◆ 喷涌的水体：喷泉、涌泉等，现代科技运用于景观喷泉，给人变幻多彩、兴奋之感。

（3）按水体的使用功能分

◆ 观赏的水体：可以较小，主要为构景之用，水面有波光倒影，又能成为风景透视线，水体可设岛、堤、桥、点石、雕塑、喷泉、种植水生植物等。岸边可作不同处理，构成不同景色。

◆ 开展水上活动的水体：一般需要较大的水面，适当的水深，清洁的水质，水底及岸边最好有一层沙土，岸坡要和缓。

3）园林中常见的水景形式

园林中各种水体有不同的特点，结合环境布置形成各种景观。园林中常见的水景形式有以下7种。

（1）"湖""海"

这是指园林中的大片开阔的静水面，一般有广阔曲折的水岸线与充沛的水量。其大者可给人以"烟波浩渺，碧波万顷"的感觉。还有采用比拟夸张的手法为引起人们的联想而称"海"的，如北京故宫的中南海、杭州的西湖、南京的玄武湖等。

（2）池沼、潭、井

在较小的园林中，水体的形式常以池为主。水池形式简单，平面较方整，一般没有岛屿和桥梁，池岸结合水边建筑可自然、可规则，岸线较平直而少叠石之类的修饰，水中植荷花、睡莲、藻类等观赏植物或放养观赏鱼类，再现林野荷塘、鱼池的景色。潭，小而深的水体，一般在泉水的积聚处和瀑布的承受处，岸边宜作叠石处理，光线宜幽暗，水位宜低下；石缝间配置斜出、下垂或攀援的植物，上用大树封顶，造成深邃气氛（图5-26）。井是取水的构筑物，专供观赏，有丰富的内涵。巧妙地运用各种小池、小潭等小的水面，能把局部环境装点得更为妩媚，小空间的环境也更有活力（图5-27）。

图5-26 瞻园小水潭　　　　　　　　　　　　　　图5-27 恭王府花园井

（3）溪涧

由山间到山麓，集山水而下，至平地时汇聚了许多条溪、涧的水量，从而形成河流。

一般溪浅而阔，涧狭而深。在园林中应先在适当之处设置溪涧，溪涧应左右弯曲，迂　于岩石山谷间。溪流宜随地形变化，形成跌水或瀑布，落水处还可构成深潭幽谷（图5-28）。

图5-28 百花山溪涧景观

（4）河流

河流水面如带，水流平缓，园林中常用狭长形的水池来表现，使景色富有变化。现代城市发展注重城市水系的沿岸绿化，两旁设临河水榭、平台等以凭眺风景，局部用整形的条石驳岸和台阶；水上还可划船，窄处架桥，成为城市一道亮丽的风景线和居民良好的游憩场所。

（5）瀑布

瀑布是断崖跌落的水，是最为优美的动态水景。天然的大瀑布气势磅礴，给人以"飞流直下三千尺，疑是银河落九天"之艺术感染，而园林中只能仿其意境。通常的做法是将石山叠高，山上设池做潭，水自高处泻下，激石喷溅，俨然有飞流直下三千尺之势。瀑布由最基本的5个部分组成：上游水流、落水口、瀑身、受水潭、下游泄水，一般主要欣赏其瀑身的景色，其形式有帘瀑、挂瀑、叠瀑、飞瀑等（图5-29—图5-33）。人工瀑布靠自来水或水泵抽汲池水、井水等循环供水，耗费太大，多在假日、节日偶尔用之（图5-34）。苏州园林有导引屋檐雨水的，雨天才能观瀑。瀑布景观的欣赏应留有一定的距离，其旁的植物起点缀烘托作用，不应喧宾夺主。

图5-29 瀑布的形式

图5-30 挂瀑

图5-31 挂瀑

图5-32 帘瀑

图5-33 壁泉

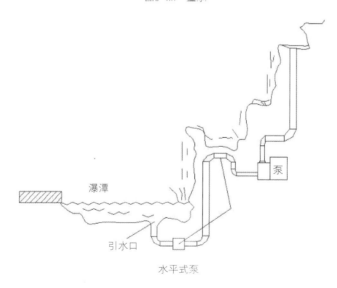

图5-34 人工瀑布循环供水

（6）泉

园林中利用天然泉设景，或人工构筑泉池。泉按出水情况有涌泉、喷泉、壁泉等。涌泉多为天然泉水，如济南趵突泉（图5-35、图5-36）；喷泉多结合几何形水池，布置在建筑物前、广场中央、主干道交叉口等处（图5-37），现代设计的广场中央喜用无水池的称旱喷。为使喷泉线条清晰，常以深色景物为背景。在园林中，喷泉常为局部构图中心，常以水池、彩色灯光、雕塑、花坛等组合成景。喷泉的景观非常优美，而现代的喷头是形成千姿百态水景的重要因素之一，喷泉的形式多种多样，有蒲公英形、球形、涌泉形、扇形、莲花形、牵牛花形、雪松形、直流水柱形等（图5-38）。近年来，随着光、电、声波及自控装置在喷泉上的运用，已有音乐喷泉和间歇喷泉、激光喷泉等新形式出现，更加丰富了游人在视、听上的双重美感。

图5-35 济南趵突泉

图5-36 济南趵突泉

（7）闸坝

闸坝是控制水流出入某段水体的工程构筑物，主要作用是蓄水和泄水，设于水体的进水口和出水口。水闸分为进水闸、节制水闸、分水闸、排水闸等。水坝有土坝（草坪或铺石护坡）、石坝（滚水坝、阶梯坝、分水坝等）、橡皮坝（可充水、放水）等。园林内的闸坝多和建筑、假山配合，形成园林造景的一部分（图5-39）。

图5-37 水池喷泉

图5-38 喷头类型

图5-39 闸坝

5.2.2 水的尺度和比例

在水景设计中，水面的尺度需要仔细地推敲，要结合所采用的水景设计形式、表现主题、周围的环境景观等来考虑。要在视觉体量的划分上做到大而不散，小而不局促，贵在得体。小尺度的水面较亲切怡人，适合于宁静、不大的空间，如庭院、花园、城市小公共广场；尺度大的水面，适合于大面积自然风景区、城市公园和巨大的城市空间、大型广场等。

对于大的水体环境，应以聚为主，使水面显得紧凑而又有气魄。若分成小块水面，必须做到主次分明、大小有别，确立水体的体量层次而使水体丰韵。对于小的水体环境，重在聚合，不至于松散细碎，将水面的气韵收拢，达到活跃气氛的艺术效果。"小中见大""以少胜多"同样是理水的艺术手法，以不大的水量表现湖泊、溪流等，同样可以使"山得水而活"，增添景观生趣。

任务 5.3

水的平面限定和视线

5.3.1 水的平面限定

水的平面形状是由水际线的变化表现出来的。水的平面形状随地形因势而成，"水随山转"，"因高堆山，就低挖湖"。

水的平面布局可分为大水面和小水面。大水面宜分，小水面宜聚。

1）大水面

水际线变化较多，常运用岛、堤、桥、建筑及植物等加以分隔而成（图5-40）。总体要注意，分隔的水面形状大小应给人以层次感、参差不齐感，保持以一个大水面为主，大水面辽阔开朗，"纳千顷之汪洋，收四时之烂漫"；小水面曲折幽静、朴素自然，和大水面形成鲜明对比。如北京的北海、中南海，北海水面大而开朗，中南海水面曲而幽静（图5-41）。

常见的水面分隔与联系的形式如下。

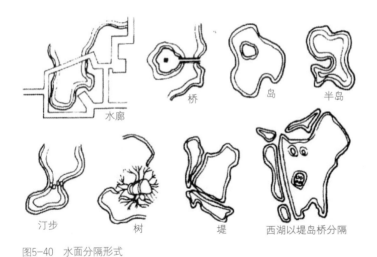

图5-40 水面分隔形式

图5-41 北海、中南海水面

（1）岛

我国自古以来就有东海仙山的神话传说，构成了中国古典园林中一池三山（蓬莱、方丈、瀛州）的传统格局。在现代园林的水体中也常聚土为岛，植树点亭或设专类园于岛上，既划分了水域空间，又增加了风景层次，还增添了游人的探求情趣。

岛的布置忌中、整形，一般多在水的一侧，以便使水面有大片完整的感觉；或按障景的要求，考虑岛的位置。

岛屿的类型有以下5种。

◆ 山岛：山岛有以土为主的土山岛和以石为主的石山岛。

◆ 平岛：即为天然的洲渚，系泥沙淤积而形成坡度坦缓的平岛。

◆ 半岛：半岛一面以桥或堤连接陆地，三面临水，是水岸中伸入水中的亲水地带，也是游客最喜爱停留的观景之处。

◆ 岛群：多为成群布置的分散的群岛或紧靠在一起的当中有水的池岛，如杭州西湖的三潭印月。

◆ 礁：水中散置的点石，或以玲珑奇巧的石做孤赏的小石岛，尤其在较小的整形水池中，常以小石岛来点缀或以山石作为水中障景。

（2）堤

可将大水面分隔成不同景色的水区，又能起水上通道的作用。堤的位置多在一侧，将水面分为大小不同、主次分明、风景富有变化的水区。

（3）桥

小水面的分隔常用桥。桥常设于水面狭窄处，平面上起束腰的作用。在设计时，不宜将水分为平均的两块，即不能把桥设在水中央，仍需保持大片水面的完整，桥下通水，水面隔而不断。如果水浅距离近，也可用汀步（图5-42）。考虑观景变化和景观的对位关系，可应用曲桥，曲桥的转折处应有对景（图5-43）。

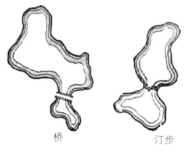
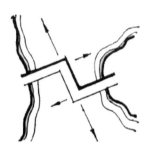

桥　　　　汀步

图5-42　桥和汀步分隔水面　　　　图5-43　曲桥对景

（4）植物

园林中各类水体，无一不借助花木来丰富水体的景观，创造意境。如"疏影横斜水清浅，暗香浮动月黄昏""接天莲叶无穷碧，映日荷花别样红"等诗句描绘的就是这种意境。水边植物力求在绿色背景前选用花色艳丽的树木，与蓝天碧水相映成趣（图5-44）。水边植物的栽植还在于掩饰生硬、枯燥的驳岸，再现自然生态水岸景观（图5-45、图5-46）。

图5-44　英国谢菲尔　图5-45　溪边植物配植　　　图5-46　吟风亭水岸种植
德公园湖边植物配植

（5）建筑

不同的水体构筑物可以产生不同的审美情趣。以水环绕建筑物可产生"流水周于舍下"的水乡情趣，亭榭浮于水面，恍若神阁仙境；建筑小品、雕塑立于水中，便可以移情寄性。水边、水中建筑为人提供了更亲近水面的地带，也是水边观景的绝佳之处。

2）小水面

多采用变化单纯的水际线，常以中央一个较大的水面，边角附有1~2个小水湾。这种水面要"宁空勿实"，章法位置要"灵气往来，不可窒塞"。如图5-47苏州网师园，中央水池与四周陆地比例适当，既有开朗宁静之处，又有山石、绿化与之呼应陪衬。小水面的运用在私家园林中有很多优秀的实例（图5-48）。

日本造园家将小水面提炼归纳为心字形、云字形、流水形池、水字形池和瓢形（葫芦形）池5种基本形状（图5-49）。

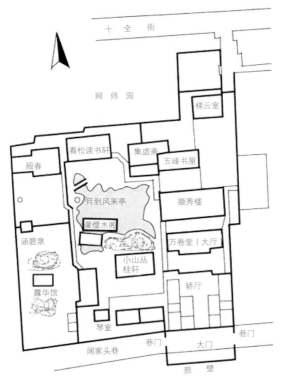

图5-47 网师园水面

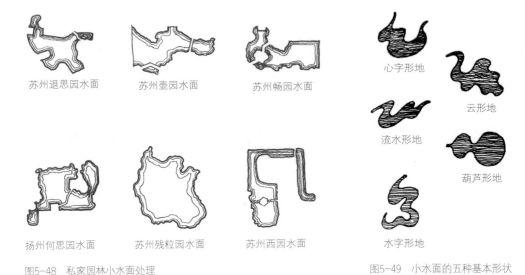

图5-48 私家园林小水面处理

图5-49 小水面的五种基本形状

3）水岸

水的平面布局离不开驳岸形式的设计和相应水岸景观的搭配。

园林驳岸在园林水体边缘与陆地交界处，起着稳定水岸线，防止地面被淹，维持地面和水面的固定关系，防止水土冲刷的作用；同时，驳岸的处理也直接影响水景的面貌，如自然山石驳岸、钢筋混凝土驳岸、木桩护岸等（图5-50）。

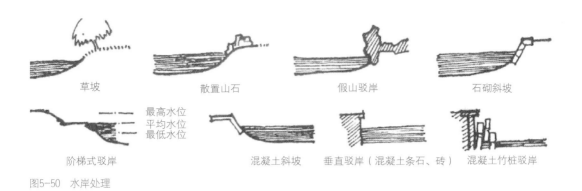

草坡	散置山石	假山驳岸	石砌斜坡

最高水位
平均水位
最低水位

阶梯式驳岸	混凝土斜坡	垂直驳岸（混凝土条石、砖）	混凝土竹桩驳岸

图5-50　水岸处理

5.3.2　水的视线

　　水面空间开朗，两岸相对成景，在园林中形成很多以水面为中心的透视观景布局（图5-51）。北海公园水面以琼华岛为中心，形成四面向心透视观景线；同时，琼华岛高筑土石山及建筑白塔，用以提高视点，形成以岛为中心向水面四周离心扩散透视观景线。

　　如何利用好水面透视线，达到更奇妙的园林艺术效果，是传统园林艺术的精妙之处。水面透视线一般尽量朝向水面较深远的方向，对岸设置建筑加以引导，以反映水面的深远广阔，尤其是小水面，达到"小中见大"的效果。为增加景观层次，有时水面中间设岛、堤、桥等，形成障景、隔景、框景。图5-52为拙政园西部景区水面，临水设扇面亭与"别有洞天"入口隔水相对，又通过狭长水廊与"倒影楼"和三十六鸳鸯馆形成框景，水面虽不大，却起到了很好的分隔透视景观的作用。狮子林西部景区水面，"湖山真意"亭三面向水完全展开，透过水中亭桥，四周景色尽收于画面（图5-53）。苏州壶园藏厅堂于茂密的花木深处，通过狭长水面、小桥透视成景，更显深远、幽静（图5-54、图5-55）。留园中部水谷深处看曲溪谷楼一角，粉墙青瓦若隐若现于山谷溪涧小桥组成的夹谷之中，意境耐人寻味（图5-56、图5-57）。大型皇家苑囿更是借助水面展开透视线，有意又似无意地将远山近水、石山古寺、烟雨楼台尽收于画面，含蓄自然，表现一种无所为而为的样子，极尽巧妙。如承德避暑山庄烟雨楼（图5-58）、金山建筑群布局（图5-59）。

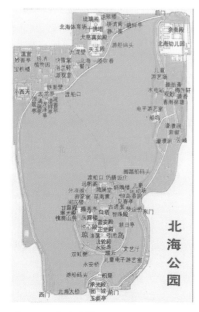

图5-51　北海水面

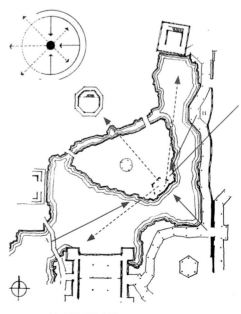

图5-52　拙政园西园水面

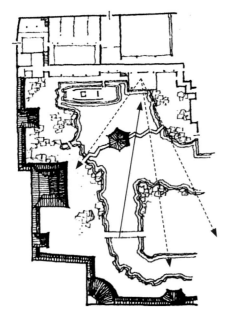

图5-53 狮子林水面　　　　　　　　　图5-54 苏州壶园藏厅堂立面

图5-55 苏州壶园藏厅堂平面

图5-56 留园曲溪谷楼平面　　　　　图5-57 留园曲溪谷楼立面

沿山庄北部湖岸四周看，均有
良好的效果

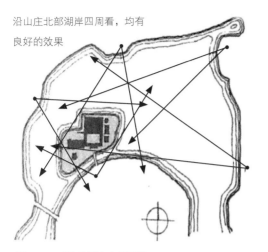

看南山积雪亭　　看普宁寺

看烟雨楼　　　　　　　　看普乐寺

看棒锤峰

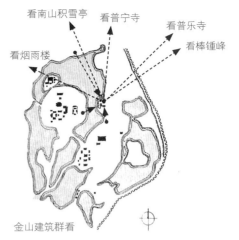

金山建筑群看

图5-58　承德避暑山庄烟雨楼　　　　　图5-59　承德避暑山庄金山亭建筑群

任务 5.4

水的几种造景手法

园林用水，从布局上看可分为集中与分散两种形式；从情态上看有静有动；从形式上看则有自然与规则之分。

5.4.1 集中用水

集中而静的水面能使人感到开朗宁静，水面视域开阔、坦荡，有衬托浮岸和水中景观的基底作用。所以，集中水面的处理宜静，达到"引人入胜，不可穷尽之感"，表现出淡泊明志、宁静致远的意境。常见于以水面为中心的总体布局，依照园林大小采用不同的水景形式。

1）中、小庭院

中、小庭院面积不大，以院落空间为主，以水为主的庭院布局通常以水池为中心，四周环列建筑，从而形成一种向心、内聚的格局。水池本身的形状，除个别皇家苑囿中的园中园是方方正正的平面外，绝大多数呈不规则的形式。采用方正平面形式的有北海的画舫斋；采用不规则平面形式的有苏州的畅园、鹤园、网师园和颐和园中的谐趣园（图5-60）。

2）大、中型庭院

中、大型庭院有一定面积的园林空间，但多使水池偏处于庭院的某一侧，这样便可以腾出大块面积堆山叠石并广种花木，从而形成一种山环水抱或山水各半的格局。如苏州留园中部景区，集中用水，但水池偏于一侧，从而留出较大地面堆山叠石，并于其上广种各种乔、灌木，以造成山林野趣，与水池相对比衬托，极富山林野趣（图5-61）。

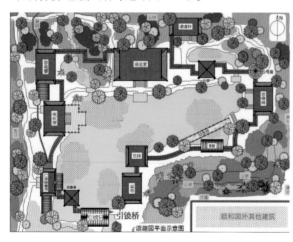

图5-60 谐趣园平面

图5-61 留园中部景区

3）特大型园林

集中用水的原则也同样适用于大型皇家苑囿。《园冶》所谓"纳千顷之汪洋，收四时之烂漫"的情景只有在这样的大园中才有领略的可能。从北海和颐和园两例看来，湖中之岛均偏于一侧，这样就把水面划分为大小极为悬殊的两个部分，大的部分异常辽阔开朗，小的部分则曲折幽深，两者对比颇为分明。特别是颐和园，由于对比极其分明，遂使后山显得格外幽静，同时又反衬出昆明湖大面积集中用水的浩瀚无垠（图5-62）。

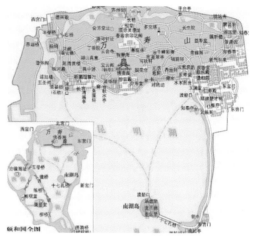

图5-62 颐和园昆明湖

5.4.2 分散用水

与集中用水相对的则是分散用水。其特点是：用化整为零的方法，把水面分割成互相连通的若干小块，这样便可因水的来去无踪而产生隐约迷离和不可穷尽的幻觉。分散用水还可以随水面的变化而形成若干大大小小的中心水面。凡水面开阔的地方都可因势利导地借亭台楼阁或山石的配置形成相对独立的空间环境，而水面相对狭窄的溪流则起沟通连接的作用。这样，各空间环境既自成一体，又相互连通，从而具有一种水陆萦   、岛屿间列和小桥凌波而过的水乡气氛。例如瞻园（图5-63），以三块较小而又相互连通的水面代替集中的大小面，从而形成三个中心：第一个水面较曲折而富有变化，第二个水面较开朗宁静，第三个水面虽小但却幽静。三者虽相对独立，却又借溪流连成一体，使人有幽深之感。

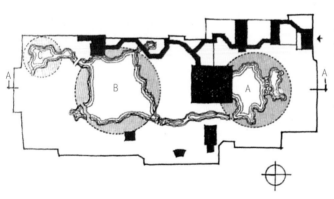

a. 中部较大的一块水面极狭长（A），横贯东西，有深远感。

b. 香洲前水面（B），较迂   曲折，贯穿廊桥之间，有深邃幽静之妙。

c. 见山楼前水面（C），较开阔宁静，可延伸至见山楼以西，颇能引人入胜。

图5-63 瞻园平面示意图（瞻园水面分散）

5.4.3 带状用水

在园林中，带状水系是对自然界溪（河）流的艺术摹写，它一般忌宽求窄，忌直而求曲。为求得变化，还应有强烈的宽窄对比，借窄的段落起收束视野的作用，至宽的段落便顿觉开朗。如颐和园后山景区（图5-64），就是以一条极长的带状水系为纽带，把分散的风景点连成完整的序列。一方面，它可以借带状水系的连续性而引人入胜；另一方面，还可以借水面忽开忽合而加强节奏感。

若使带状水系屈曲回环，也能平添深邃藏幽的情趣，特别是与山石结合而使之穿壑通谷，则更有深情。如苏州环秀山庄，限于地形条件，使带状水面盘   循环，并局部地贯穿山石的夹缝之间从而形成"涧"，不仅幽深曲折至极，而且开与合的对比也异常强烈，堪称水与石巧妙结合的佳例。现代园林中，多有溪涧景观的摹写。

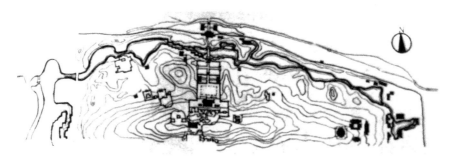

图5-64 颐和园后溪河

1）河流、溪涧景观的运用

河流、溪涧是自然界带状的水面，既有狭长曲折的形状，又有宽窄、高低的变化，还有深远的效果。流动着的水，波光晶莹，具有活力和动感，令人兴奋欢快。

小溪的基本设计模式：溪流弯弯曲曲，溪中有汀步、小桥，有滩、池、汀洲，有岩石、跌水、阶地；岸边有若即若离的小路（图5-65）。以此表现水流的曲折跌落，山峡谷地环境的自然宁静。

现代城市园林绿地当中，对一些小溪（河）流的模仿，多以卵石为底，远处小桥凌波，河岸曲线流畅。但种植较单一，驳岸裸露，有其形似而难求其神，值得在种植上再加探索（图5-66）。

图5-65 溪涧造型

图5-66 现代园林溪流景观

2）曲水流觞

曲水流觞是我国古代的一种风俗，据说最初是由周成王的叔父周公旦开始的，于阴历三月使酒杯在水中漂去，就水滨宴饮，用以招魂、镇鬼、驱散病疫。

以前的文人雅士，引水环曲成渠，流觞赋诗取饮，以"流觞曲水"的办法来助饮兴，相与为乐，被传为美谈，成为一种风雅乐事。乾隆在圆明园中仿建兰亭名曰"流杯亭"（图5-67）。今日也有仿古人修禊觞咏、怀古励今的类似景点，如北京香山饭店的"曲水流觞"。

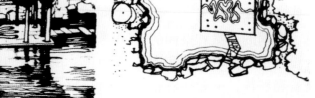

图5-67 中南海流水音亭

5.4.4 整形水池

宋郭熙在《林泉高致》中写道："山以水为血脉……故山得水而活，水以山为面……故水得山而媚。"绘画如此，园林景观也是这样。然而，在有山而无水源的情况下，常以人工方法开凿小池以蓄水。这种小池，唯其小，起点缀作用；唯其集中，发挥画龙点睛的作用。例如，杭州的虎跑泉（图5-68）由于巧妙地运用了各种形式的小池，而把局部空间环境点缀得十分妩媚。

人工开凿得较整齐、规则的小池，还可以用来点缀较小的庭园空间，从而赋予局部空间环境以活力。如无锡第二泉庭院（图5-69），前后共两进小院，院内各设一个小池，前一个呈规则的矩形，后一个则自由曲折，两者都能与各自所处的环境相协调。现代园林中常在重点地段如道路交叉口、广场中央、大门入口等轴线焦点处设置几何形喷泉水池，与雕塑花坛组景，加以灯光音乐的辅助，有一种动态美（图5-70）。

图5-68　杭州虎跑泉

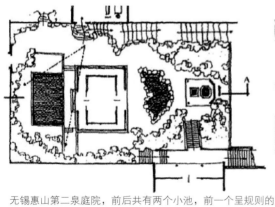

无锡惠山第二泉庭院，前后共有两个小池，前一个呈规则的矩形，后一个较自由曲折，都能与各自所处的环境相协调。

图5-69　无锡惠山第二泉

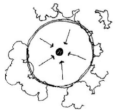

（a）空间的中心

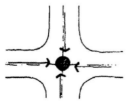

（b）视线或轴线的交点

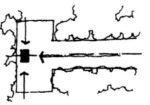

（c）视线或轴线的端点

（d）视线容易到达的地方

图5-70　喷泉位置

学生考核评定标准

序号	考核项目	考核内容及要求	配分	评分标准	得分
1	水景设计的要点	水景设计时需要考虑的因素	10	不标准扣5分以上	
2	水形的设计	水景的形式及水体的类型	60	不正确扣5分以上	
3	驳岸的处理	驳岸处理形式	15	不正确扣5分以上	
4	水景与其他环境要素的结合	说明水景与其他环境要素的结合的原因	15	不正确扣5分以上	

拓展训练与思考

利用书中所述水景设计的原理，完成一个微型水池景点的方案设计。

项目模块6
地形造景

任务目标

根据某庭院园林设计总图进行地形设计。

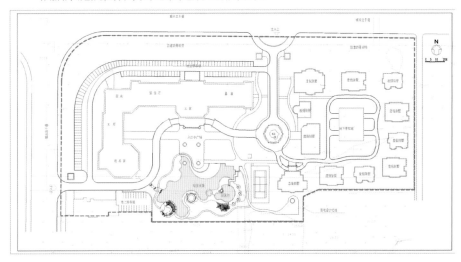

任务要求

合理确定场地的地形类型。

合理确定场地地形的标高。

进行地形设计并最终完成总体竖向设计。

知识链接

地形的处理形式与特点。

地形处理的方法。

任务实施

地形概述（0.2学时）。

地形的实用功能（0.6学时）。

地形的美学功能（0.2学时）。

地形的类型（1学时）。

地形造景（2学时）。

任务 **6.1**

地形概述

　　景观设计师通常利用各种自然设计要素来创造和安排室外空间，以满足人们的需要和享受。在运用这些要素进行设计时，地形是最重要也是最常用的要素。

　　地形就是地表的外观，包括山谷、高山、丘陵、草原以及平原等类型（图6-1、图6-2），这些地表类型一般称为"大地形"。由土丘、台地、斜坡、平地，或因台阶和坡道所引起的水平面变化的则统称为"小地形"。起伏最小的地形称为"微地形"。

　　在平坦的地方，地形的这一普遍作用便是统一和协调，它可以从视觉和功能方面将景观中其他成分交织在一起（图6-3）。相反，在丘陵或山区，地形的统一作用便失去了效果。

　　地形被认为是构成景观的基本结构因素。它的作用如同建筑物的框架，或者说是动物的骨架。地形能系统地制定出环境的总顺序和形态，而其他因素则被看作叠加在这构架表面上的覆盖物。

　　园林绿地内地形的状况与容纳游人量有密切的关系，平地容纳的人较多，山地及水面则受到限制。一般较理想的比例是，水面占1/4~1/3，陆地占1/3~3/4；在陆地中平地占1/2~2/3，山地丘陵占1/3~1/2。

图6-1　纳塞米蒂山谷　　　　　图6-2　草原示意图

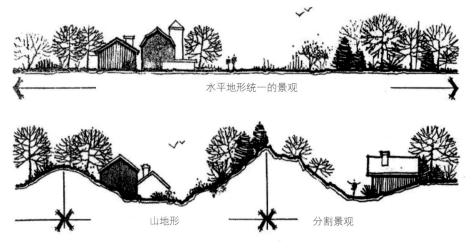

水平地形统一的景观

山地形　　　　　　　分割景观

图6-3　地形的作用

园林地形处理应考虑以下因素：

1）园林绿地与城市的关系

园林的面貌、立体造型是城市面貌的组成部分。当园林的出入口按城市居民来园的主要方向设置时，出入口处需要有广场停车场，一般应有较平坦的用地，使之与城市道路合理地衔接。

2）地形的现状情况

地形处理以充分利用为主、改造为辅。要因地制宜，尽量减少土方量。建园时最好达到园内填挖的土方平衡，以节省劳动力和建设投资。但是，对有碍园林功能发挥的不合理的地形则应大胆地加以改造。

3）园林绿地的功能要求

群众文体活动场地需要平地；拟利用地形作为观众看台时，就要求有一定大小的平地和适当的坡地；安静游览的地段和利用地形分隔空间时，常需要有山岭坡地；进行水上活动时，就需要有较大的水面等。

4）观景的要求

要构成开敞的空间，需要有大片的平地或水面；幽深的地段应有山重水复、岗回谷转和有层次的山林。园林中的山水，常常是仿自然界的山水景色，再加以精练、浓缩而成，使得在有限的园林内，给人以无限风光的感受。

5）园林工程技术上的要求

不使陆地有内涝，避免水面有溢出或枯竭的现象发生；岸坡不应有塌方滑坡的情况；对需要保存的原有建筑，不得影响其基础工程等。

6）植物种植的要求

对保存的古树、大树，要保持它们原有地形的标高，以免造成露根或被掩埋，从而影响植物的生长和寿命。植物有阳性、阴性、水生、沼生、耐湿、耐旱以及生长在平原、山间、水边等不同习性，处理地形时应与植物的这些生态习性相配合，使植物的种植环境符合生态地形的要求。

地形的实用功能

6.2.1 分隔空间

地形可以以许多不同的方式创造和限制外部空间。当使用地形来限制外部空间时，至少有3个因素在影响游人的空间感。

1）底面区域

底面区域指的是空间的底部或基础平面，它通常表示"可使用"范围。它可能是明显平坦的地面，或微微起伏的，并呈现为边坡的一个部分。

2）坡面

坡面在外部空间中犹如一道墙体，担负着垂直平面的功能。斜坡的坡度与空间制约有着联系，斜坡越陡，空间的轮廓越显著。

3）地平天际线

地平天际线代表地形可视高度与天空之间的边缘。它是斜坡的上层边缘或空间边缘，至于其大小则无关紧要。地平轮廓线和观察者的相对位置、高度和距离，都可影响空间的视野、可观察到的空间界限。在这些界限内的可视区域，往往就称为"视野圈"。在一定的区域范围内，地平轮廓线可被几千米远的大小山脊所制约。这一极宽阔空间又可被分隔成更小的即景空间。

园林景观设计师能运用谷底面积、坡度和天际线来限制各种空间形式，从小的私密空间到宏大的公共空间，或从流动的线形谷地空间到静止的盆地空间，都是以底面积、坡度、天际线的不同结合，来塑造出空间的不同特征。例如，采用坡度变化和地平轮廓线变化，而使底面范围保持不变的方式，便可构成3个具有天壤之别的空间（图6-4）。

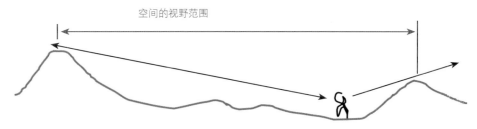

图6-4　地形遮挡视线控制图

6.2.2 控制视线

利用填充垂直平面的方式，地形能在景观中将视线导向某一特定点，影响某一固定点的可视景物和可见范围，形成连续观赏或景观序列以及完全封闭通向不悦景物的视线。在这种地形中，视线两侧的较高地面犹如视野屏障，封锁了任何分散的视线，从而使视线集中到某种景物上（图6-5、图6-6）。

地形也可被用来"强调"或展现一个特殊目标或景物。

地形还可以屏蔽不悦物体或景观。

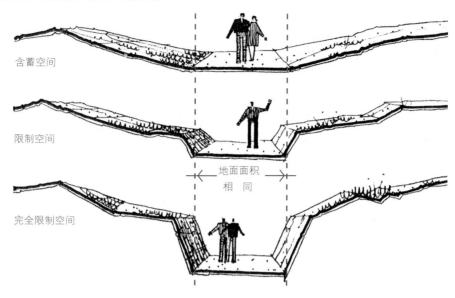

含蓄空间

限制空间

完全限制空间

地面面积

相　同

图6-5　即使不改变底面积也能出现不同的空间限制

图6-6　地形遮拦视线示意图

6.2.3　地形影响导游路线和速度

地形可被用在外部环境中，影响行人和车辆运行的方向、速度和节奏。一般说来，运行总是在阻力最小的道路上进行，从地形的角度来说，就是在相当平坦、无障碍物的地区进行。在平坦的土地上，人们的步伐稳健持续，无需花费什么力气。随着地面坡度的增加，或更多障碍的出现，游览也就越发困难。为了上下坡，人们就必须使出更多的力气，时间被延长了，中途的停顿休息也就逐渐增多。步行时，当上下坡时，因为每走一步都必须格外小心，人们的平衡力在斜坡上逐渐受到干扰，最终导致人们需要尽可能地减少穿越斜坡的行动。如果可行的话，步行道的坡度不宜超过10°。如果需要在坡度更大的地面上下时，为了减小道路的陡峭度，道路应斜向于等高线，而非垂直于等高线。

在设计中，地形可以改变运动的频率。如果设计的某一部分，要求人们快速地通过，那么，在此就应使用水平地形。如果设计的目的是要求人们缓慢地走过某一空间，那么，斜坡地面或一系列水平高度变化，就应在此加以使用。当人们需要完全留下来时，就会又一次使用水平地形。

地形起伏的山坡和土丘，可被用作障碍物或阻挡层，以迫使行人在其四周行走以及穿越山谷状的空间。这种控制和制约的程度所限定的坡度大小，随实际情况由小到大有规则地变化。在那些人流量较大的开阔空间，如商业街或大学校园内，就可以直接运用土堆和斜坡的功能（图6-7）。

图6-7　地形遮拦视线示意图

6.2.4　改善小气候

　　地形在景观中可改善小气候。从采光方面来说，如某一区域受到冬季阳光的直接照射，可使该区域温度升高，那么该区域就应使用朝南的坡向。一些地形，如凸面地形、脊地或土丘等，可用来阻挡刮向某一场所的冬季寒风；同理，地形也可被用来收集和引导夏季风。

地形的美学功能

地形对任何规模的景观的韵律和美学特征都有着直接的影响。崇山峻岭、丘陵、河谷、平原以及草原都是形态各异的地形，都有着自身极易识别的特征。

将较平坦的地区和丘陵或山地作一比较，可以说明地形对景观特征的影响。相对较平坦的基地和地区，就像海洋或大湖一样，往往显示出相对空旷宽阔的景色，人们能清晰地看到遥远的地平线或其他封闭式的较突出的陆上景物。平坦地区常具有一种强烈的视觉连续性和统一感。景观的不同部分都可被当作总体的较小部分来加以欣赏。与平坦地形相比，丘陵和山地都易在各山谷之间产生一种分隔感和孤立感。

在丘陵或山区内，山谷（低点）和山脊（高点）的大小和间距也能直接影响景观的韵味。当某人穿过景点时所观察到的虚（山谷或低点）实（山脊或高点）空间之间的比例，可构成不同的音乐韵律（图6-8）。

各类型的地形还能直接影响与之共存的造型和构图的美学特征。例如，意大利文艺复兴时期的园林，如兰特别墅和德斯特别墅便完全顺应了丘陵似的意大利地形，其设计方式就是将整个园林景观建造在一系列界限分明、高程不同的台地上。这些高出的台地有开阔的视野，以便人们能充分地收览山谷的美景。从园址高处往低处所见到的清晰景观层次进一步构成了引人入胜的画面。

地形还能在阳光和气候的影响下产生不同的视觉效应。阳光照射着某一特殊地形并由此产生的阴影变化，往往会产生一种赏心悦目的效果（图6-9）。此外，降雨和大雾所产生的视觉效应，也能改变地形的外貌。

图6-8 大连棒槌岛的坡地形

图6-9 地形能以引人注目的造型和光影图案而作为雕塑使用

地形的类型

6.4.1 平地

在平坦的地形中，必须有大于5°的排水坡度，以免积水，同时要尽量利用道路、明沟排除地面水。坡度超过40°时，自然土坡常不易稳定。草坪的坡度最好不要超过25°，土坡的坡度不要超过20°，一般平地的坡度为1°～7°。大片的平地可有高低起伏的缓坡，形成自然式的起伏柔和的地形。为避免坡度过陡、过长造成的水土冲刷，裸露的地面应铺种花草或其他地被植物。

平地便于进行群众性的文体活动、人流集散，也造成开朗的景观，故在现代公园中都设有一定比例的平地。

平地按地面的材料可分为4种。

1）土地面

土地面可用作文体活动的场地，如果是在树林中的场地即林中空地，因为有树木的遮蔽，故而宜于夏日活动和游玩、休息。在公园中，应力求减少裸露的土地面积。

2）沙石地面

有些平地有天然的岩石、鹅卵石或沙砾，可视其情况用作活动场地或风景游息地（图6-10）。

3）铺装地面

铺装可用作游人集散的广场，观赏景色的停留地点，进行文体活动的场地等。铺装可以是规则的，也可以结合自然环境做成不规则的（图6-11）。

图6-10 沙石的地面　　图6-11 各种铺装地面

4）种植的地面

在平地上植以花草树木，形成不同的景观。大片草坪给人以开朗的感觉，可作为文体活动的场地，供人坐卧休息。平地种植花卉形成花境，可供游人观赏。平地植树，也可供游人观赏游息之用（图6-12）。

图6-12　植物种植地面

6.4.2　坡地

坡地就是倾斜的地面，因地面倾斜的角度不同，可分为以下两种。

1）缓坡

坡度为8°～12°，一般仍可作活动场地（图6-13）。

2）陡坡

坡度在12°以上，作为一般活动场地较为困难。在地形合适且有平地配合时，可利用地形的坡度作为观众的看台或植物的种植用地（图6-14）。

图6-13　缓坡示意图

图6-14　陡坡示意图

变化的地形可以从缓坡逐渐过渡到陡坡与山体连接，在临水的一面以缓坡逐渐伸入水中（图6-15）。这些地形环境，除可以作为活动的场所外，还可作为欣赏景色、游览休息的好地方。在坡地中要获得平地，可以选择较平缓的坡地，修筑挡土墙，削高填低，或将缓坡地改造成有起伏变化的地形。挡土墙也可处理成自然式（图6-16）。

图6-15　河水两岸陡坡与缓坡对比

图6-16　陡坡可做拦土墙或者用植被护坡

6.4.3　山地

园林中的山地往往是利用原有地形，加以适当改造而成的。因山地常能构成风景、组织空间、丰富园林的景观故在没有山的平原城市，也常在园林中设置山景，多用挖湖的土方堆成。山地的类型可分两种。

①按山的主要材料，可分为土山、石山和土石混合的山（图6-17、图6-18）。

②按山的游览使用价值或目的，可分为观赏的山与登临的山。

图6-17　石山

图6-18　土山

地形造景

6.5.1　地形造景的手法

地形造景是中国园林的特点之一，是民族形式和民族风格形成的重要因素。地形的处理是建立在对自然山水理解的基础之上，灵活地运用其普遍性和特殊性的两个方面，融入作者对历史文化的思考，来完成山水园林的建构骨架。其具体手法如下：

1）主次分明

清代画家笪重光在《画筌》中说："众山拱伏，主山始尊，群山盘，祖山乃厚。"其意在突出群山中的主山和主峰。

2）组合有致

"山不在高，贵有层次"说明了层次的重要性。层次有3种：一是前低后高的上下层次，山头作之字形，用来表示高远；二是两山对峙中的峡谷，犬牙交错，用来表示深远；三是平岗小阜，错落蜿蜒，用来表示平远。

3）虚实相生

布置假山要疏密相间和虚实相生。疏密与虚实两词的含义既有相同之处，又有所区别。密是集中，疏是分散；实是有，虚是无；当景物布置密到不透时，便是实；疏到无时，便成虚。在园林中，不论群山还是孤峰，都应有疏密虚实的布置，以做到疏而不见空旷，密而不见拥挤，增不得也减不得，如同天成地就。山之虚实是指在群山环抱中必有盆地，山为实，盆地为虚；重山之间必有距离，则重山为实，距离为虚；山水结合的园林，则山为实，水为虚。庭园中的靠壁山，则有山之壁为实，无山之壁为虚。

4）曲折回抱

由于山体曲折回抱，形成开合收放、大小不同、景观迥异的空间境域，产生较好的小气候。尤其在具有水体的条件下，溪涧迂回其间，飞流直下，能取得山水之胜和世外桃源的艺术效果。

5）峰峦叠嶂

山势既有高低，山形就有起伏。一座山从山麓到山顶，一般不是直线上升的，而是波浪起伏、由低而高和由高而低，有山麓、山腰、山肩、山头、山坳、山脚、山阳以及山阴之分，这是一山本身的小起伏。山与山之间，有宾有主、有支有脉是全局的大起伏。

6.5.2　置石

置石是以山石为材料做独立性或附属性的造景布置，主要表现山石的个体美或局部的组合而不具备完整的山形。置石以观赏为主，结合一些功能方面的作用，体量小而分散。置石的特点是以少胜多、以简胜繁，量虽少而对质的要求更高。正因为一般置石的篇幅不大，这就要求造景的目的更加明确，格局谨严、手法洗练、寓浓于淡，使之有感人的效果与独到之处。

1）特置

特置山石又称孤置山石、孤赏山石，大多由单块山石布置成为独立性的石景。常在园林中用作入门的障景和对景，或置视线集中的廊间、天井中间，漏窗后面、水边、路口或园路转折的地方。特置山石也可以和壁山、花台、岛屿、驳岸等结合使用。古代园林中的特置山石常镌刻题咏和命名，新型园林多结合花台、水池或草坪、花架来布置。特置好比单字书法或特写镜头，本身应具有比较完整的构图关系。

特置应选体量大、轮廓线突出、姿态多变、色彩突出的山石。这种山石如果和一般山石混用便会埋没它的观赏特征。特置山石可采用整形的基座，也可以坐落在自然的山石上面。这种自然的基座称为"磐"。

特置山石布置的要点在于相石立意，山石体量与环境相协调，有前置框景的衬托和背景的衬托和利用植物或其他办法弥补山石的缺陷等。苏州网师园北门小院在正对着出园通道转折处，利用粉墙作为背景安置了一块体量合适的湖石，并陪衬以植物。由于利用了建筑的倒挂楣子作为框景，从暗透明，犹如一幅生动的画面（图6-19）。

特置山石还可结合台景布置。台景也是一种传统的布置手法，用石头或其他建筑材料做成整形的台。台内盛土壤，台下有一定的排水设施。然后，在台上布置山石和植物；或仿作大盆景布置，给人一种有组合的整体美。

2）对置

对置即沿建筑中轴线两侧做对称位置的山石布置，这在北京古典园林中运用较多。例如，锣鼓巷可园主体建筑前面对称安置的房山石，颐和园仁寿殿前面布置的山石等。

3）散置

散置即所谓"攒三聚五""散漫理之"的做法。这类置石对石材的要求相对而言比特置要低一些，但要组合得好。其常用于园门两侧、廊间、粉墙前、山坡上、小岛上、水池中或与其他景物结合造景。它的布置要点在于有聚有散、有断有续、主次分明、高低曲折、顾盼呼应、疏密有致、层次丰满。北京中山公园"松柏交翠"所在的土丘，用房山石做散点布置，就颇具自然的变化（图6-20）。

图6-19　特置山石

图6-20　散置

4）群置

群置有人称为"大散点"。它在用法和要点方面基本上与散点相同，差别是所在空间比较大。如果用单体山石做散点会显得与环境不相称。这样便以较大量的材料堆叠，每堆体量都不小；而且堆数也可增多，但就其布置的特征而言仍是散置。北京北海琼花岛南山西路山坡上有用房山石做的群置，处理得比较成功。山水画中把土山上露出的山石称为"矾头"，用以体现山体的嶙峋之美（图6-21）。

图6-21　群置

6.5.3　与园林建筑结合的山石布置

这是用山石来陪衬建筑的做法。用少量的山石在合适的部位装点建筑，就可取得把建筑建在自然的山岩上一样的效果。所置山石模拟自然裸露的山岩，建筑则依岩而建。因此，山石在这里所表现的实际是大山之一隅，可以适当运用局部夸张的手法。其目的仍然是减少人工的气氛，增添自然的气氛，这是要掌握的要领。

常见的结合形式有以下6种。

1）山石踏跺和蹲配

明代文震亨著《长物志》所说的"映阶旁砌以太湖石垒成者曰涩浪"就是这一种。这是用于丰富建筑立面、强调建筑出入口的手段。中国传统的建筑多建于台基之上，这样，出入口的部位就需要有台阶作为室内外上下的衔接部分。这种台阶可以做成整形的石级，而园林建筑常用自然山石做成踏跺。它不仅有台阶的功能，而且有助于处理从人工建筑到自然环境之间的过渡。

蹲配是常和山石踏跺配合使用的一种置石方式。它可兼备垂带和门口对置的石狮、石鼓之类装饰品的作用，从外形上又不像垂带和石鼓那样呆板。它一方面作为石级两端支撑的梯形基座；另一方面可以由踏跺本身层层叠上再用蹲配遮挡两端不易处理的侧面。所谓"蹲配"，以体量大而高者为"蹲"，体量小而低者为"配"。

2）抱角和镶隅

建筑的墙面多成直角转折，这些拐角的外角和内角的线条都比较单调、平滞，故常以山石来美化这些墙角。对外墙角而言，山石成环抱之势紧包基角墙面，称为抱角；对墙内角而言，则以山石填镶其中，称为镶隅（图6-22）。

3）粉壁置石

粉壁置石即以墙作为背景，在面对建筑的墙面、建筑山墙或相当于建筑墙面前基础种植的部位做石景或山景布置。因此，也有称之"壁山"的（图6-23），这也是传统的园林创作手法。《园冶》有云："峭壁山者，靠壁理也。藉以粉壁为纸，以石为绘也。理者相石皴纹，仿古人笔意，植黄山松柏古梅美竹。收之圆窗，宛然镜游也。"

图6-22　镶隅

图6-23　粉壁置石

4）回廊转折处的廊间山石小品

园林中的回廊为了争取空间的变化和使游人从不同角度去观赏景物，在平面上往往做成曲折回环的半壁廊。这样便会在廊与墙之间形成一些大小不一、形态各异的小天井空隙地。这是可以发挥用山石小品"补白"的地方，使之在很小的空间里也有层次和深度的变化。同时，可以诱导游人按设计的游览序列入游，丰富沿途的景色，使建筑空间小中见大、活泼无拘。

5）"尺幅窗"和"无心画"

园林景色为了使室内外互相渗透，常用漏窗透石景。手法是把内墙上原来挂山水画的位置开成漏窗，然后在窗外布置竹石小品之类，使景入画。这样以真景入画，较之画幅生动百倍。例如，苏州留园东部"揖峰轩"北窗三叶均以竹石为画：微风拂来，竹叶翩洒；阳光投下，修篁弄影，使人居室内而得室外风景之美。

6）云梯

云梯即以山石掇成的室外楼梯。它既可节约使用室内建筑面积，又可成为自然山石景。

6.5.4　与植物相结合的山石布置——山石花台

山石花台在江南园林中运用极为普遍（图6-24—图6-27）。究其原因有三：其一，是这一带地下水位较高，排水不良，而一些中国的传统名花如牡丹、芍药之类却要求排水良好。为此，用花台提高种植地面的高程，相对地降低了地下水位，为这些观赏植物的生长创造了合适的生态条件；同时，又可以将

图6-24　独立式花台

图6-25　苏州留园的揖峰轩

图6-26　角隅式花台　　　　　　　　　　　　　　　　　　　图6-27　角隅式花台

花卉置于合适的高度，以免躬下身去观赏。其二，花台之间的铺装地面即是自然形式的路面。其三，山石花台的形体可随机应变，小可占角、大可成山。它特别适合与壁山结合，随心变化。

山石花台布置的要领如下：

1）花台的平面轮廓和组合

就花台的个体轮廓而言，应有曲折、进出的变化。更要注意使之兼有大弯和小弯的凹凸面，而且弯的深浅和间距都要自然多变，有小弯无大弯、有大弯无小弯或变化节奏单调都是要力求避免的。

2）花台的立面轮廓要有起伏变化

花台上的山石与平面变化相结合还应有高低的变化，切忌把花台做成"一码平"。这种高低变化要有比较强烈的对比才有显著的效果。一般是结合立峰来处理，但又要避免用体量过大的立峰堵塞院内的中心位置。花台除了边缘以外，花台中也可少量地点缀一些山石。花台边缘外面也可埋置一些山石，使之有更自然的变化。

3）花台的断面和细部要有伸缩、虚实和藏露的变化

花台的断面轮廓既有直立，又有坡降和上伸下收等变化。这些细部技法很难用平面图或立面图说明，必须因势延展、就石应变。其中，很重要的是虚实明暗的变化、层次变化和藏露的变化。具体做法就是使花台的边缘或上伸下缩，或下断上连，或旁断中连，化单面体为多面体。模拟自然界由于地层下陷、崩落山石沿坡滚下成围、落石浅露等形成的自然状态，来种植并形成池中的景观。

6.5.5　假山

设计假山最根本的法则就是"有真为假，做假成真"。这是中国园林所遵循的"虽由人作，宛自天开"的总则在掇山方面的具体化。"有真为假"说明了掇山的必要性，"做假成真"则提出了对掇山的要求。天然的名山大川固然是风景美好的所在，但一不可能搬到园中，二不可能悉仿，只能用人工造山理水以解此求。

"做假成真"的手法可归纳如下。

1）山水结合，相映成趣

中国园林把自然风景看成一个综合的生态环境，而山水又是自然景观的主要组成。所以，清代画家石涛在《石涛画语录》中强调："得乾坤之理者，山川之质也。"山水之间又是相互依存、相得益彰的。诸如"水得地而流，地得水而柔""山无水泉则不活""有水则灵"等话语都是强调山水结合的观

点。自然山水的轮廓和外貌也是相互联系和影响的。例如，苏州拙政园中部以水为主，池中却又造山作为对景，山体又被水池的支脉分割为主次分明而又密切联系的两座岛山，这为拙政园的地形奠定了关键性的基础（图6-28）。假山在古代称为"山子"，足见"有真为假"指明真山是造山之"母"。真山既是以自然山水为骨架的自然综合体，那就必须基于这种认识来布置才有可能获得"做假成真"的效果。

2）相地合宜，造山得体

《园冶》"相地"一节谓"如方如圆，似扁似曲。如长弯而环壁，似扁阔以铺云。高方欲就亭台，低凹可开池沼。卜筑贵从水面，立基先究源头，疏源之去由，察水之来历"。避暑山庄在澄湖中设"青莲岛"，岛上建烟雨楼以仿嘉兴之烟雨楼，而在澄湖东部辟小金山为仿镇江金山寺。这两处的假山在总的方面是摹拟名景，但具体处理又必须根据立地条件；也只有因地制宜地确定山水结合体，才能达到"构园得体"和"有若自然"。

3）巧于因借，混假于真

这也是因地制宜的一个方面，就是充分利用环境条件造山。园之远近是否有自然山水相因，那就要灵活地利用自然的山水。在"真山"附近造假山，是用"混假于真"的手段取得"真假难辩"的造景效果。

"混假于真"的手法不仅用于布局取势，也用于细部处理。避暑山庄外八庙有些假山、山庄内部山区的某些假山、颐和园的桃花沟和画中游等处都是用本山裸露的岩石为材料，把人工堆的山石和自然露岩相混布置，也都收到了"做假成真"的成效（图6-29）。

图6-28　拙政园假山　　　　　　　　　　　　图6-29　颐和园画中游

4）独立端严，次相辅弼

意即要主景突出，先立主体，再考虑如何配以次要景物来突出主体景物。确定假山的布局地位以后，假山本身还有主从关系的处理问题。《园冶》提出"独立端严，次相辅弼"，就是强调先定主峰的位置和体量，然后再辅以次峰和配峰。

5）三远变化，移步换景

假山在处理主次关系的同时还必须结合"三远"的理论来安排。宋代郭熙《林泉高致》说："山有三远，自山下而仰山巅谓之高远，自山前而窥山后谓之深远，自近山而望远山谓之平远。"

环秀山庄的湖石假山并不像某些园林以奇异的峰石取胜（图6-30）。清代假山巨匠戈裕良从整体着眼，局部着手，在面积很有限的地面上掇出逼似自然的石灰岩山水景。整个山体可分三部分：主山居中而偏东南，客山远居园之西北角，东北角又有平岗拱伏，这就有了布局的三远变化。而难能可贵的还在于有一条能最大限度地发挥山景三远变化的游览路线来贯穿山体。无论自平台北望，或跨桥、过栈道、进山洞、跨谷、上山，均可展现出一幅幅的山水画面，既有"山形面看"，又具"山形步步移"。假山不同于真山，多为中、近距离观赏，因此主要靠控制视距达到最佳观看效果。

图6-30 环秀山庄的湖石假山

6）远观山势，近看石质

"远观山势，近看石质"也是山水画理。这里既强调了布局和结构的合理性，又重视细部处理。山的组合包括"一收复一放，山势渐开而势转。一起又一伏，山欲动而势长""山外有山，虽断而不断""半山交夹，石为齿牙；平垒遥遥，石为膝趾""做山先求入路，出水预定来源""择水通桥，取境设路"等多方面的理论。合理的布局和结构还必须落实在假山的细部处理上，这就是"近看石质"的内容。石质和石类有关。例如，湖石类属石灰岩，因降水中有碳酸的成分，对湖石可溶于酸的石质产生溶蚀作用使石面产生凹面，石上大小沟纹交织、层层环洞相套。这就形成湖石外观圆润柔曲、玲珑剔透、涡洞相套、皱纹疏密的特点。

7）寓情于石，情景交融

假山很重视内涵与外表的统一，常运用象形、比拟和激发联想的手法造景，所谓"片山有致，寸石生情"。也是要求无论置石或掇山，都讲究"弦外之音"。中国自然山水园的外观是力求自然的，但就其内在的意境而言又完全受人的意识支配。这包括长期相为因循的"一池三山""仙山琼阁"等寓为神仙境界的意境；"峰虚五老""狮子上楼台""金鸡叫天门"等地方性传统程式；"十二生肖"及其他各种象形手法；"武陵春色""濠濮间想"等寓意隐逸或典故性的追索；寓名山大川和名园的手法，如艮岳仿杭州凤凰山、苏州洽隐园水洞仿小林屋洞等；寓自然山水性情的手法和寓四时景色的手法等。这些寓意又可结合石刻题咏，使之具有综合性的艺术价值。

扬州个园的四季假山是在寓四时景色方面别出心裁的佳作。其春山是序幕，在花台的挺竹中置石笋以象征"雨后春笋"。夏山选用灰白色太湖石做积云式叠山，并结合荷池、夏荫来体现夏景。秋山是高潮，选用富于秋色的黄石叠高垒胜以象征"重九登高"的俗情。冬山是尾声，选用宣石为山，山后种植

图6-31 个园春山（石笋）

图6-32 个园夏山

台中植蜡梅。宣石有如白雪覆石面，皑皑耀目，加之墙面上风洞的呼啸效果，使冬意更浓。冬山和春山仅一墙之隔，却又开透窗。由此，自冬山可窥春山，有"冬去春来"之意。像这样既有内在含义又有自然外观的时景假山园在众多的园林中是很富有特色的，也是罕有的实例（图6-31—图6-34）。

图6-33　个园秋山

图6-34　个园冬山

学生考核评定标准

序号	考核项目	考核内容及要求	配分	评分标准	得分
1	地形含义	清楚简述地形的概念及其涉及因素	15	不标准，扣5分以上	
2	地形的实用功能	清楚简述地形的实用功能	15	不正确，扣5分以上	
3	地形的美学功能	清楚简述地形的美学功能	15	不正确，扣5分以上	
4	地形的类型	清楚简述地形的类型	25	不正确，扣5分以上	
5	地形造景的手法	描述地形造景的各种方法	30	不正确，扣5分以上	

拓展训练与思考

1.地形处理应考虑的因素有哪些？

2.如何用地形引导游人游览园林景观？

3.哪些地形因素影响游人空间感？

4.举例分析地形的美学特性。

5.地形有哪些类型？

6.地形的造景手法有哪些？

7.何为置石？它分哪些类型？

8.举例分析与园林建筑相结合的山石布置。

9.布置山石花台群应注意哪些问题？

10.掇山的手法有哪些？

项目模块7
种植技术

任务目标

根据某庭院园林设计总图进行植物种植设计。

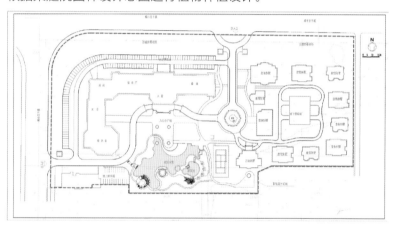

任务要求

绘制种植设计总平面图。

绘制乔灌木种植平面图。

绘制地被与花卉种植平面图。

绘制种植设计说明与详图。

知识链接

南北方气候对植物生长的影响。

种植设计原则与形式。

常用的种植设计植物。

种植设计图绘制。

任务实施

植物的作用（1学时）。

种植设计的基本原则（1学时）。

种植设计的形式（1学时）。

种植设计的基本方法（3学时）。

种植平面及施工图（6学时）。

植物的作用

这里所说的植物，是指在园林中作为观赏、组景、分隔空间、装饰、庇荫、防护、覆盖地面等用途的植物，包括木本植物和草本植物。用来参与景观设计的植物要有体形美和色彩美，要适应当地的气候和土壤条件。植物种植设计就是根据园林景观布局的要求，按照植物的生态习性，合理地配植园林景观中的各种植物，以发挥它们的景观功能和观赏特性。

7.1.1 隐蔽园墙，拓展空间

沿园界墙种植乔、灌木或攀缘植物，以植物的自然生态体形代替、装饰砖、石、灰、土构筑起来的呆滞的背景，即《园冶》所说的"园墙隐约于萝间"。不但在观赏上显得自然活泼，而且高低掩映的植物还可造成含蓄莫测的景深幻觉，从而增强了园林的空间感。

7.1.2 分隔联系，含蓄景深

植物还可以起到组织空间的作用。在不宜采用建筑手段划分空间的情况下，以自然的植物材料，如乔、灌木高低搭配或竹丛进行空间分隔，甚至可以达到完全隔断视线的效果。

7.1.3 装点山水，衬托建筑

堆山、叠石之间以及各类水型的岸畔或水面，常需自然植被或植物的种植美化。在景观构图上，特别重要景观的主要观赏景面，更需要树木花草配植。在这里，植物往往是构图的关键，它起到补充和强化山水气息的功能。亭、廊、轩、榭等建筑的内外空间，也需依靠植物的衬托构建与自然的和谐。

7.1.4 渲染色彩，突出季相

在园林景观设计中，植物不但是"绿化"的元素，而且也是万紫千红的渲染手段。花果树木春花秋实，绿树成荫花满枝，季相更替不已。一般落叶树的形、色，随季节而变化：春发嫩绿，夏披浓荫，秋叶胜似春花，冬季则有枯木寒林的画意。如杭州"花港观鱼"的牡丹、芍药，"曲院风荷"的荷花（图7-1），"平湖秋月"的桂花（图7-2）等，都有力地烘托了景点的气氛。

图7-1　"曲院风荷"的荷花

图7-2　"平湖秋月"的桂花

7.1.5　散发芬芳，招蜂引蝶

　　园林艺术空间的感染力是由多方面的因素形成的，其中不只是造型、色彩的作用，还有音响和气味的效果。园林艺术的嗅觉效果主要是由植物来形成的。如苏州拙政园的远香堂（图7-3），每当夏日荷风扑面之时，清香满堂；又如留园的闻木樨香轩（图7-4），因其遍植桂花，开花时异香袭人。草木的芬芳使园中空气更加清新爽人；一些花卉在以其干、叶、花、果作为观赏的同时，自己也散发馨香，招蜂引蝶，增添情趣。

图7-3　远香堂荷花

图7-4　闻木樨香轩

种植设计的基本原则

7.2.1 符合绿地的性质和功能要求

植物种植设计，首先要从绿地的性质和主要功能出发。园林绿地功能很多，具体到某一绿地，总有其具体的主要功能：街道绿地的主要功能是蔽荫，也要考虑组织交通和市容美化的问题（图7-5）；综合性公园，要有集体活动的广场或大草坪，还应有遮荫的乔木、成片的灌木和密林、疏林等（图7-6）；医院庭园则应注意环境卫生的防护和噪声隔离（图7-7）；工厂绿化的主要功能是防护（图7-8）；烈士陵园要注意为纪念革命先辈创造氛围（图7-9）。

图7-5 街道绿化

图7-6 综合公园

图7-7 医院庭院

图7-8 工厂绿化

图7-9 烈士陵园

7.2.2 考虑园林艺术的需要

1）总体艺术布局上要协调

规则式景观植物种植多为对植、列植，自然式园林绿地中则采用不对称的自然式种植，以充分表现植物材料的自然姿态。

2）考虑植物在观形、赏色、闻味、听声上的效果

人们对植物景色的欣赏是多方面的，要发挥每种景观植物的特点，则应根据景观植物本身的特点进行设计。如鹅掌楸主要观赏其叶形（图7-10）；在闻木樨香轩闻其桂香（图7-11）；紫荆主要是春天赏色（图7-12）；桂花主要是秋天闻香（图7-13）；成片的松树可以形成松涛声（图7-14）。

图7-10　鹅掌楸主要观赏其叶形

图7-11　闻木樨香轩

图7-12　紫荆赏其春色

图7-13　桂花闻其秋香

图7-14　成片的松树听其松涛声

3）景观植物种植设计要从总体着眼

在平面上要注意种植的疏密和轮廓线（图7-15），纵向上要注意树冠线（图7-16），树林中要注意开辟透景线。另外，还要重视植物的景观层次以及远近观赏效果。远观整体和大片的效果，如大片秋叶；近看则欣赏单株树型，如花、果、叶等的姿态。同时，还要考虑种植方式，切忌苗圃式的种植。

图7-15 平面上要注意种植的疏密　　　　　图7-16 竖向上要注意林冠线

7.2.3　选择适合的植物种类，满足植物生态要求

按照园林绿地的功能和艺术要求来选择植物种类。一方面，要因地制宜，适地适树，使种植植物的生态习性和栽植地点的生态条件基本上能得到统一；另一方面，要为植物正常生长创造合适的生态条件。只有这样，才能使植物成活并正常生长。

7.2.4　要有合理的搭配和种植密度

植物种植的密度是否合适，直接影响绿化功能的发挥。从长远考虑，应根据成年树冠大小来决定种植距离。一般常用速生树和长寿树相配植的办法来解决远近期过渡的问题。树种搭配必须合适，要满足各种树木的生态要求，否则达不到理想的效果。在树木配置上，还应兼顾速生树与长寿树、常绿树与落叶树、乔木与灌木、观叶树与观花树以及树木、花卉、草坪、地被的搭配；在植物种植设计时应根据不同的目的和具体条件，确定树木花草之间的合适比例。

7.2.5　全面考虑景观植物的季相变化和色、香、形的　　　　　对比与和谐

植物造景要综合考虑时间、环境、植物种类及其生态条件的不同，使丰富的植物色彩随着季节的变化交替出现，使园林绿地的各个分区突出季节的植物色相，在游人集中的地段更要做到四季有景可赏（图7-17）；由于植物景观的色彩，叶、花、果的形态变化等是多种多样的，要做到主次分明、突出重点。

图7-17 春夏秋冬四季不同植物的欣赏

任务 **7.3**

种植设计的形式

7.3.1 孤植

孤植是指乔木或灌木的孤立种植类型，但并不意味着只能栽一棵树。有时，为构图需要，为增强其雄伟感，同一树种的树木常两株或三株紧密地种在一起，以形成一个单元，其远看和单株栽植的效果相同。孤植是中西园林中广为采用的一种自然式种植形式。这在园林的功能上有二：一是单纯作为构图艺术上的孤植树，二是作为园林中蔽荫和构图艺术相结合的孤植树（图7-18—图7-22）。

图7-18 孤植造景示意图

图7-19 草地上的孤植树

图7-20 道路边的孤植树

图7-21 孤植造景实例

图7-22 水边的孤植树

孤植树主要表现植株个体的特点，突出树木的个体美，如奇特的姿态、丰富的线条、浓艳的花朵、硕大的果实等。因此，在选择孤植树的树种时，应选择那些具有枝条开展、姿态优美、轮廓鲜明、生长旺盛、成荫效果好、寿命长等特点的树种，如银杏、槐树、榕树、香樟、悬铃木、白桦、无患子、枫杨、七叶树、雪松、云杉、松柏、白皮松、枫香、元宝枫、鸡爪槭、乌桕、樱花、紫薇、梅花、广玉兰、柿树等。

孤植树作为园林构图的一部分，不是孤立的，必须与周围环境和景物相协调，孤植树要求统一于整个园林构图之中，要与周围景物互为配景。如果在开敞宽广的草坪、高地、山冈或水边栽种孤植树，所选树木必须特别巨大，这样才能与广阔的天空、水面、草坪有差异，才能使孤植树在姿态、体形、色彩上突出。在小型林中草坪、较小水面的水滨以及小的院落之中种植孤植树，其体形必须小巧玲珑，可以应用体形线条优美、色彩艳丽的树种。在山水园中的孤植树，必须与山石调和，树姿应选盘曲苍古的，树下还可以配以自然的卧石，以作休息之用。

7.3.2　对植

对植是指用两株或两丛相同或相似的树，按照一定的轴线关系，作相互对称或均衡的种植方式，主要用于强调公园、建筑、道路、广场的出入口，同时结合蔽荫和装饰美化的作用，在构图上形成配景和夹景（图7-23）。与孤植树不同，对植树很少做主景。在规则式种植中，利用同一树种、同一规格的树木依主体景物轴线作对称布置，两树连线与轴线垂直并被轴线等分，在园林的入口、建筑入口和道路两旁是经常运用的（图7-24）。种植的位置既要不妨碍交通和其他活动，又要保证树木有足够的生长空间。一般乔木距建筑物墙面要在5米以上，小乔木和灌木可酌情减少，但不能太近，至少要2米。在自然式种植中，对植不是对称的，但左右仍是均衡的。在自然式园林的入口两旁，桥头、蹬道的石阶两旁，河道的进口两边，闭锁空间的进口，建筑物的门口，都需要植物自然式的入口栽植和诱导栽植。自然式对植最简单的形式，是与主体景物的中轴线支点取得均衡关系。在构图中轴线的两侧，可用同一树种，但大小和姿态必须不同，动势要向中轴线集中，与中轴线的垂直距离，大树要近，小树要远。自然式对植也可以采用株数不相同而树种相同的配置，如左侧是一株大树，右侧为同一树种的两株小树；也可以两边是相似而不相同的树种，或是两种树丛。树丛的树种必须相似，双方既要避免呆板的对称形式，但又必须对应。对植在道路两旁构成夹景，利用树木分枝状态，可以构成相依或交冠的自然景象（图7-25）。

图7-23　雪松对植

图7-24　洋蒲桃对植

图7-25　对植实例

127

7.3.3 丛植

树丛通常是由两株到十几株同种或异种乔木，或乔、灌木组合而成的种植类型（图7-26）。配植树丛的地面，可以是自然植被或者是草坪、草花地，也可是山石或台地。树丛是园林绿地中重点布置的一种种植类型，它以反映树木群体美的综合形象为主，所以要很好地处理株间、种间的关系。所谓株间关系，是指疏密、远近等因素；种间关系是指不同乔木以及乔、灌木之间的搭配。在处理植株间距时，要注意在整体上适当密植，局部疏密有致，使之成为一个有机

图7-26　丛植

的整体；在处理种间关系时，要尽量选择有搭配关系的树种，让阳性与阴性、快长与慢长、乔木与灌木有机地组合成生态相对稳定的树丛。同时，组成树丛的每一株树木，也都能在统一的构图中表现其个体美。

树丛可以分为单纯树丛及混交树丛两类。树丛在功能上除作为组成园林空间构图的骨架外，还有作为蔽荫用的、作为主景用的、作为诱导用的、作配景用的。蔽荫用的树丛最好采用单纯树丛形式，一般不用灌木或少用灌木配植，通常以树冠开展的高大乔木为宜。而作为构图艺术上的主景，诱导与配景用的树丛，则多采用乔、灌木混交树丛。

树丛作为主景时，宜用针、阔叶混植的树丛，其观赏效果特别好，可配植在大草坪中央、水边、河旁、岛上或土丘山冈上，以作为主景的焦点（图7-27）。在中国古典山水园中，树丛与岩石的组合常设置在粉墙的前方或走廊房屋的一隅，以构成树石小景（图7-28）。

图7-27　水边丛植

图7-28　丛树造景实例

树丛设计必须以当地的自然条件和总的设计意图为依据。用的树种虽少，但要选得准，以充分掌握其植株个体的生物学特性及个体之间的相互影响，使植株在生长空间、光照、通风、温度、湿度和根系生长发育方面都取得理想的效果。

7.3.4 群植

群植是将多株乔、灌木（一般在30株以上）混合成群栽植的种植类型（图7-29）。树群所表现的主要为群体美。树群也像孤植树和树丛一样，可作为构图的主景。树群应该布置在有足够距离的开敞场地上，如靠近林缘的大草坪、宽广的林中空地、水中的小岛屿、宽阔水面的水滨、小山的山坡、土丘等地方。树群主立面的前方，至少在树群高度的4倍、树宽度的1.5倍距离上要留出空地，以便游人欣赏。

7.3.5　列植

　　列植即行列栽植，是指乔、灌木按一定的株行距成排成行地种植，或在行内株距有变化。行列栽植形成的景观比较整齐、单纯、大气（图7-30）。行列栽植是规则式园林绿地，如道路广场、工矿区、居住区、办公大楼等处绿化带应用最多的基本栽植形式。

图7-29　群植示意图

图7-30　列植示意图

7.3.6　林植

　　凡成片、成块大量栽植乔、灌木，以构成林地和森林景观的绿地称为林植，也叫树林。林植多用于大面积公园的安静区，风景游览区或休、疗养区以及卫生防护林带等。树林又分为密林和疏林两种。

1）密林

　　密林的郁闭度在0.7～1.0，阳光很少透入林下，所以土壤湿度较大。其地被植物含水量高，组织柔软、脆弱，经不住踩踏，不便于游人活动。密林有单纯密林和混交密林之分（图7-31、图7-32）。

图7-31　单纯密林

图7-32　混交密林

2）疏林

　　疏林的郁闭度在0.4～0.6，它常与草地结合，故又称草地疏林。草地疏林是园林中应用最多的一种形式，不论是鸟语花香的春天，浓荫蔽日的夏天，或是晴空万里的秋天，游人总是喜欢在林间草地上休息、游戏、看书、摄影、野餐、观景等（图7-33），即便是在白雪皑皑的严冬，草地疏林仍别具风味。

7.3.7 篱植

　　凡是由灌木和小乔木以近距离的株行距密植，栽成单行或双行的、结构紧密的规则形式，称为绿篱或绿墙（图7-34）。

图7-33　疏林示意图　　　　　　　　　图7-34　篱植示意图

种植设计的基本方法

7.4.1 园林花卉的种植设计

花卉种类繁多、色彩鲜艳，易繁殖、生长周期短，因此，花卉是园林绿地中经常用作重点装饰和色彩构图的植物材料。花卉在烘托气氛、丰富园林景色方面有着独特的效果，也常配合重大节日使用。一般多选用用工少、寿命长、管理粗放的花卉种类，比如球根花卉和宿根花卉等。

1）花坛

花坛是指在一定范围的畦地上按照整形或半整形的图案，栽植观赏植物以表现花卉群体美的园林设施。

（1）花坛的几种形式及特点

◆ 独立花坛。它具有几何轮廓，作为园林构图的一部分而独立存在。独立花坛通常布置在建筑广场的中央、道路的交叉口，或由花架或树墙组织起来的中央绿化空间（图7-35）。独立花坛的平面呈对称的几何形，有的是单面对称，有的是多面对称。花坛内没有通路，游人不能进入，所以它的长轴与短轴的差异不能大于1∶3。它的面积也不能太大，否则远处的花卉就模糊不清，失去了艺术感染力。

◆ 花坛群。由许多个花坛组成一个不可分割的构图整体，称为花坛群，其排列组合是规则的（图7-36）。单面对称的花坛群，是许多花坛对称排列在中轴线的两侧，这种花坛群的纵轴和横轴交叉的中心，就是花坛群的构图中心。独立花坛可以作为花坛群的构图中心，水池、喷泉、纪念碑或装饰性雕塑也常用于构图中心。

◆ 带状花坛。宽度在1米以上、长度比宽度大3倍以上的长形花坛，称为带状花坛。在连续风景构图中，带状花坛可作为主体来运用，作为观赏花坛的镶边，或作为道路两侧、建筑物墙基的装饰（图7-37）。

图7-35 道路交叉口的独立花坛

图7-36 花坛群

图7-37 带状花坛

（2）花坛的设计要点

◆花坛布置的形式要和环境求得统一。花坛在园林中不论是作主景还是作配景，都应与周围的环境求得协调（图7-38、图7-39）。在自然式园林布局中不适合用几何轮廓的独立花坛，即使要用，也要采用自然式花坛，尤其忌用数个形式不同的花坛。当构图中心为装饰性喷泉或雕塑时，花坛就是配角，图案和色彩都要居于从属地位，布置要简单，以充分发挥陪衬主体景物的作用，而不能喧宾夺主。布置在广场的花坛，其面积要与广场成一定比例，平面轮廓也要和广场的外形统一协调，并应注意交通功能上的要求，不妨碍人流交通和行车拐弯的需要。

◆ 花坛的植物选择。花坛的植物选择因其类型和观赏时期的不同而异。花丛式花坛是以色彩构图为主，故宜应用1～2年生草本花卉，也可以运用一些球根花卉，但很少运用木本植物和观叶植物。观花花卉要求开花繁茂、花期一致、花序高矮规格一致、花期较长等（图7-40）。模纹花坛以表现图案为主，最好是用生长缓慢的多年生观叶草木植物，也可以少量运用生长缓慢的木本观叶植物。作为毛毡花坛的植物，还要求生长矮小、萌蘖性强、分枝密、叶子小，其生长高度可控制在10厘米左右。不同模纹要选用色彩上有显著差别的植物，以求图案明晰。最常用的是各种五色苋和雀舌黄杨。

图7-38　花坛与环境的统一　　　　图7-39　花坛与环　图7-40　花坛的观花花卉花期一致
　　　　　　　　　　　　　　　　　境的统一

2）花境

花境是以多年生花卉为主组成的带状地段，花卉布置采取自然式块状混交，以表现花卉群体的自然景观。它是园林中从规则式构图到自然式构图的一种种植形式。平面轮廓与带状花坛相似，植床两边是平行的直线或是有几何规则的曲线。花境的长轴很长，矮小的草本植物花境，宽度可小些，高大的草本植物或灌木，其宽度要大些。花境的构图是沿着长轴的方向演进，是竖向和水平景观的组合。花境所选用的植物材料，以能越冬的观花灌木和多年生花卉为主，要求四季美观又能季相交替，一般栽植后3～5年不更换。花境表现的主题是观赏植物本身所特有的自然美以及观赏植物自然组合的群落美，所以构图不是几何平面图案的美，而是植物群落的自然景观之美。

花境可分成单面观赏和双面观赏两种。单面观赏的花境多布置在道路两侧，建筑、草坪的四周。应把高的花卉种在后面，矮的种在前面。它的高度可以超过游人视线，但也不能超过太多。两侧观赏的花境，多布置在道路的中央，高的花卉种在中间，两侧种植矮些的花卉。中间最高的部分不要超过游人的视线高度，只有观花灌木可以超过。花境在园林中可广泛运用。

◆ 在建筑物与道路之间做基础装饰。这种装饰可以使建筑和地面的冲突得以缓和，此地段可采用单面观赏花境，其植物的高度宜控制在窗台以下（图7-41）。

◆ 在道路用地上布置花境。在此处布置花境有两种形式：一是在道路中央布置两面观赏的花境（图7-42）；二是在道路两侧分别布置一排单面观赏的花境，它们必须是对应演进的，以便成为一个统一的构图（图7-43）。

图7-41　建筑物与道路之间的花境　图7-42　两面观赏的花境　　　　图7-43　单面观赏的花境

◆ 用植篱来配合布置单面观赏的花境。规则式园林中，整形绿篱的前方布置花境可以起到装饰的作用。花境前方配置园路，可供游人欣赏之用。

◆ 与花架、游廊配合布置花境。花架、游廊等建筑物的台基，一般都高出地面30～50厘米。台基的正立面可以布置花境，花境外再布置园路（图7-44、图7-45）。

图7-44 与花架配合的花坛   图7-45 与游廊配合的花坛

3）花台、花池与花丛

◆ 花台因抬高了植床，缩短了观赏视距，故宜选用满足近距离观赏的花卉。这不仅可以使观赏者观赏其花纹图案，更可以欣赏其优美的姿态、艳丽的花色，并闻到其浓郁的香味。花台的布置宜高低参差，错落有致。牡丹、杜鹃、梅花、五针松、蜡梅、红枫、翠柏等，均为我国花台传统的观赏植物。当然，也可配以山石、树木做成盆景式花台。在建筑物出入口两侧的小型花台，一般选用一种花卉布置，而不用高大的花木。

◆ 花池是种植床和地面高程相差不多的园林小品设施。花池中常灵活地种以花木或配置山石，这是中国传统庭院的一种种植形式。

◆ 几株至十几株以上花卉种植在一起称为花丛。花丛是花卉的自然式布置形式，从平面轮廓到立面构图都是自然的。同一花丛，可以是一种花卉，也可以为数种混交，但其种类宜少而精，切忌多而杂。花卉种类常选用多年生且生长健壮的花卉，或选用野生花卉和自播繁衍的一两年生花卉。混交花丛以块状混交为多，要有大小、疏密、断续的变化，还要有形态、色彩上的变化。在同一地段连续出现的花丛要各具特色，这样才能丰富园林的景观。花丛常布置在树林边缘、自然式道路内旁、草坪的四周和疏林草坪等处。花丛是花卉诸多配植形式中最为简单、管理最为粗放的一种形式，这是花卉的主要布置形式。

7.4.2 草坪的种植设计

1）草坪的坡度与排水

（1）水土保持方面的要求

为了避免水土流失、坡岸塌方或崩落现象的发生，任何类型的草坪，其地面坡度，均不能超过该土壤的自然安息角（一般为30°左右），超过此坡度的地形，一般应采用工程措施加以保护。

（2）游园活动的要求

一般观赏草坪、林中草坪及护坡护岸草坪，只要在土壤的自然安息角以下和必需的排水坡度以上，其他方面均没有别的特殊要求。关于游息草坪，除必须保持最小排水坡度以外，一般情况下坡度不宜超过5°。自然式的游息草坪，地形的坡度最大不要超过15°，而一般游息草坪，在1/3左右的面积上，其坡度最好在5°~10°起伏变化。

（3）排水的要求草坪

草坪最小允许坡度，应从地面的排水要求来考虑。体育场上的草坪，由场中心向四周跑道倾斜的坡度为1°。网球场草坪，由中央向四周倾斜的坡度为0.2°~0.5°。一般普通的游息草坪，其最小排水坡度，最好也不低于0.5°，必要时可埋设盲沟来解决。

（4）草坪造型的要求

在考虑到以上功能的前提下，对草坪地形美观的因素也应统一考虑，使草坪地形与周围景物统一起来。地形要有单纯壮阔的气魄，同时又要有对比与曲线起伏的节奏变化。

2）草坪的空间划分

在同一块草坪上，为了同时满足众多游人与个别游人的需要，应进行空间大小的划分。特别是当需要创造某一种景观或特殊的环境与气氛时，往往利用丰富多姿的植物，结合周围特定的地形地貌进行空间划分。在一定的视线范围内，多种植物的形态（包括大小、高低、姿态、色彩等），以及用它们作为草坪空间的划分、主景的安排、树丛的组合和色彩与季相的变化等，都能直接影响草坪的空间效果，给游人以不同的艺术感受。

草坪的空间划分主要考虑以下几方面的因素。

（1）草坪的立意

草坪上植物配植的立意，就是以植物的配植来体现草坪空间环境的设计意图。"山景草坪"往往就是利用略有起伏的地形，以植物配植的艺术处理手法进行空间划分，加强"山林"的气氛（图7-46）；"水景草坪"则往往利用开阔平远的水面，选择适宜于水边栽植的植物，或造成某种框景的手法进行空间划分，创造水景的气氛等（图7-47）。而这种不同景观的草坪空间艺术效果，首先决定于立意，立意是草坪空间划分的前提。草坪空间给人的感觉或是封闭，或是开阔，或具有山林之趣，或展现四时之景，皆从立意而来。

立意首先体现在由各种不同形态、不同色彩的植物所构成的空间感，而空间的比例又是空间感的一个主要因素，它是由树木的高度、草坪的宽度及游人站立的部位决定的。如果设置开阔的草坪，既便于群众性的活动，又能使游人视野舒展。例如，杭州"柳浪闻莺"大草坪，面积达3 500平方米，主体草坪空间的面阔达130平方米，树高与草坪宽度之比为1:10，给人以辽阔空旷之感（图7-48、图7-49）。

图7-46　山景草坪

图7-47　立体水景草坪

图7-48　柳浪闻莺大草坪

图7-49　柳浪闻莺大草坪

如果要创造一种较为封闭式的空间，草坪面积宜小。草坪周围以密集树丛遮挡，并借助建筑物、山石和植物，形成景观，而不宜再开辟视野宽阔的透景面。如济南大明湖公园五龙池草坪（图7-50），面积900平方米，布置精巧，最适于赏玩、休息。这块小草坪以喷水池为主体，四周封闭、花木繁多，以植物与自然花台、山石、水池、树丛等结合，便处处有景。

如果要创造"咫尺山林"的意境，可以借助于略有起伏的地形和植物配植。如杭州西泠印社南山坡草坪，一边是密实的竹林，另一边是稀疏的杂木。疏林中隐有"左云右鹤之轩"，增加了山林的深度，突出了草坪的主景。山坡上树丛的厚度仅15米，错落地配植着香樟、青桐、槐树、女贞等林木，低处铺草皮，大树下栽棕榈树等。

（2）林缘线处理

林缘线是指树林或树丛边缘上树冠投影的连线。林缘线处理就是植物配植的设计意图反映在平面构图上的形式。它是植物空间划分的重要手段，空间的大小、景深层次的变化、透景线的开辟、氛围的形成等，大多依靠林缘线处理。

林缘线的曲折，可以组织透景线，增加草坪的景深。如北京某大使馆中心庭院（图7-51），从元宝枫和银杏组成的树丛中可透视到雪松、海棠、月季花及后面的馒头柳、合欢、金银木组成的树丛。这是采用树丛的林缘线构成透景线，依距离的远近和色彩的深浅来加强草坪的景深效果。

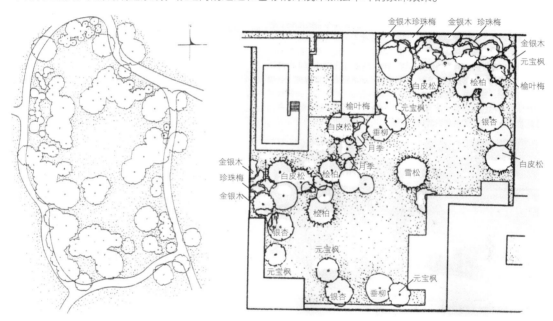

图7-50　济南大明湖公园五龙池草坪　　　　图7-51　某大使馆中心庭院

（3）林冠线处理

林冠线是指树林或树丛空间立面构图的轮廓线。平面构图上的林缘线处理，并不完全体现空间感。不同植物高度组合成的林冠线，对游人空间感觉影响很大。在游人的视线范围内，如果树木的高度超过人的视线高度，或树冠层挡住游人视线时，游人就会感到封闭；如采用1.5米以下的灌木，则仍觉开阔。

同一高度级的树木配植，形成等高的林冠

图7-52　孤立树的林冠线

线，比较平直、单调，但更易体现雄伟、简洁和某种特殊的表现力。不同高度级的树木配植能产生出起伏的林冠线。因此，在地形变化不大的草坪上，更应注意林冠线的构图。在林冠线起伏不大的树群中，突出一株特高的孤立树，有时也能产生很好的艺术效果（图7-52）。

除林冠线外，树木分枝点的高低，也可产生不同的空间感。在一般情况下，乔木下面一般都比较通透。但雪松、水杉的幼龄树分枝点低，游人不能进入树冠之下；而马尾松、黑松的分枝点高，树冠一般较通透，则可供游人休息。

3）草坪的主景与树丛组合

（1）草坪的主景

园林中的主要草坪，一般都有主景。草坪的主景通常是孤立树（图7-53），或是反映植物群体美的花坛或观赏树丛（如突出某一名贵花木），还可以是植物与建筑、山石组合（一般多配置于比较显著或中心略偏的位置）。孤植树应选择姿态优美、色彩鲜明、体形略大、寿命长而有特色的树种。

花港观鱼雪松大草坪面积约14 080平方米，是花港观鱼公园内最大的草坪活动空间，也是杭州疏林草地景观的杰出代表（图7-54）。雪松大草坪以高大挺拔的雪松作为主要的植物材料，在体量上相互衬托，十分匹配。雪松这单一树种的集中种植体现树种的群体美；适当的缓坡地形，更强调了雪松伟岸的树形。四角种植的方式，既明确限定了空间，又留出了中央处充分的观景空间和活动空间，景观效果与功能都得到了极大的满足。

图7-53 草坪上的孤植树   图7-54 花港观鱼雪松大草坪平面图

（2）成"林"式树丛组合

草坪上的树丛要造成"林"的意境。树种宜选择高耸干直的大乔木，一般一两个树种、七八株树，自由栽植，郁闭即成林。

（3）隔离树丛的组合

在草坪的边缘，结构比较紧密的树丛可用作隔离，常常起到划分草坪空间的作用。最简单的隔离树丛，犹如一堵绿墙，多用于服务性建筑旁，用以"遮丑"。

（4）背景树的组合

草坪上的花坛、花丛、孤植树、主景树丛及建筑物等，常常需要有背景树作为衬托，这样才能发挥其观赏作用（图7-55）。

（5）庇荫树的组合

夏季烈日炎炎，游人在开阔的草坪上活动，需要适当的庇荫。所以，在草坪上栽植庇荫树就十分必要。从庇荫树的配植看，孤植的大庇荫树，宜设于周围比较空旷的地方；在其庇荫范围（即包括正、侧方的庇荫范围）内，最好少配植灌木及花卉，以保证足够的庇荫面积。

（6）树木间距

树丛组合的重要问题之一是树木间距。树木间距的确定，首先依据于立意和使用功能。大草坪为满足群众性活动的需要，要求树木间距在5～15米，这样可形成更为开阔的空间。而较封闭的空间其郁闭度大，间距可小些。

树木的间距还依树种不同及树龄不同而异。成年树的树木间距一般为：阔叶小乔木（桂花、白玉兰、樱花等）为3～8米；阔叶大乔木（悬铃木、香樟等）为5～15米；针叶小乔木（五针松、罗汉松等）为1～5米；针叶大乔木（雪松、马尾松、柏木等）为7～18米；一般灌木为0.5～5米。

4）草坪植物配植的色彩、季相与装饰

草坪上植物配植的色彩与季相，影响整个草坪空间的景观和艺术效果。草坪本身具有统一而调和的色彩，初春2月由浅黄开始，以后呈嫩绿色，继而逐渐加深，至初冬11月，又逐渐变为枯黄，但一年中大部分时间均为绿色。草坪上的植物是以绿色为底色，随着植物的展叶、落叶、花开、花落、结果、果熟等四季的不同变化而构成多彩多样的季相特色。

（1）叶色

绝大多数植物的叶片都是绿色的，但植物叶片的绿色，在色度上深浅不同，色调上也有明暗、偏色之异。这种色度和色调的不同随着一年四季的变化而不同，如垂柳发叶时为黄绿，夏、秋季为浓绿。除绿色以外，还有黄、红、紫色的树叶，如红叶李和红枫的叶子是红色的。春季，银杏和乌桕的叶子均为黄绿色，而到了秋季银杏叶为黄色，乌桕叶为红色。鸡爪槭叶子在春天先红后绿，到秋季又变成红色。这种叶形美丽、叶色娇艳的树木，通称为色叶木。常用的色叶木有银杏、枫香、无患子、重阳木、三角枫、五角枫、乌桕、柿树、悬铃木、红枫、鸡爪槭、红叶李、麻栎、香樟、红叶小檗、火炬、黄栌、白蜡、黄连木、红叶桃等。

叶色的配植影响观觉效果，也影响整个草坪的植物景观。配植时，要综合考虑时间、环境、树种及生物学特性等，只有这样才能获得理想的设计效果（图7-56）。

图7-55 樱花以雪松为背景　　　　　　　　　　　　　　　　　　图7-56 草坪植物的色彩搭配

（2）层次

植物分层配植不仅影响草坪的空间感，也是植物色彩搭配的主要方法之一。以不同叶色的绿色度与花色及不同高度的乔灌木逐层配植，可形成丰富的层次。如杭州花港观鱼牡丹园西的一个树丛，第一层为桧柏球，高1.2米；第二层为鸡爪槭与红叶李，高3米；第三层为柏木，高5米；第四层为枫香，高10米，构成了一个绿、红、紫、黄色叶的多层次树丛。

（3）季相

植物随季节变化而产生周期性的不同品相，称为季相。景观植物的季相变化是园林中的重要景观之一，如柳浪闻莺的枫杨林季相变化图（图7-57、图7-58）。

杭州"花港观鱼"公园的合欢草坪，面积215平方米，地形呈东西向倾斜，四周以树木围成较封闭的空间（图7-59、图7-60）。主景为自由栽植的5株合欢树，位于草坪的最高处。主景树对面坡下为9株悬

铃木，悬铃木背后是一片柏木林，草坪南面道路旁种植樱花，草坪北面由低而高形成一个密集的隔离树丛。整个空间比较宁静，且体现季相鲜明的艺术效果。

图7-57 柳浪闻莺枫杨林春季图

图7-58 柳浪闻莺枫杨林冬季图

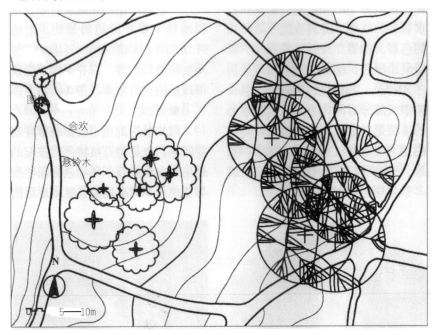

图7-59 花港观鱼悬铃木合欢草坪平面图

图7-60 花港观鱼悬铃木合欢草坪效果图

（4）草坪的装饰

草坪植物除孤植树、树丛外，还有其他的花草、地被植物、石块、建筑小品等。它们或作为边缘处理，或起到装饰美化的作用。

草坪的边缘是草坪的界限标志，也是组成草坪空间感的重要因素；同时，又是一种装饰。草坪边缘的植物配植宜疏密相间、曲折有致，不宜整齐种植。

7.4.3 水景的植物种植设计

1）景观植物与水景的景观关系

水是构成园林景观的重要因素。园林水体给人以明净、清澈、亲切的感受，可赏、可游。园林水体有着淡绿透明的水色，简洁平静的水面是各种园林景物的底色，它与绿叶相调和，与艳丽的鲜花相映成趣。园林中的各类水体，不论是园林中的主景、配景还是小景，无不是借助植物来丰富水体的（图7-61）。

水中和水旁的景观植物，其姿态、色彩和倒影等强化了水体的美感（图7-62）。

图7-61 借助植物丰富水体示意图

图7-62 水旁植物强化水体美感示意图

2）园林中不同水体的植物种植设计

（1）湖

沿湖景点要突出季相景观。如西湖之春，桃红柳绿，垂柳、悬铃木、枫香、水杉、池杉等树木一片嫩绿；碧桃、日本樱花、垂丝海棠、流苏、迎春先后吐艳，与嫩绿的叶色相辉映。西湖之秋更是绚丽多彩，红、黄、紫色应有尽有，色叶树树种丰富，如无患子、悬铃木、银杏、鸡爪槭、红枫、枫香、乌桕、三角枫、柿、油柿、重阳木、紫叶李、水杉等。

（2）池

水池为了获得"小中见大"的效果，植物配植常突出个体姿态或利用植物分割水面空间，增加层次；同时，还创造出活泼、宁静的景观。如苏州网师园，池面才410平方米，水面集中（图7-63）。池边植以柳、碧桃、玉兰、黑松、侧柏、白皮松等，疏密有致，既不挡视线，又增加了植物层次。池边一株苍劲、古拙的黑松，树冠及虬枝探向水面，倒影生动、颇具画意。在叠石驳岸上还配植了南迎春、紫藤、络石、薜荔、地锦等，使得高于水面的驳岸颇具野趣。

（3）溪涧与峡谷

北京百花山的"三叉垅"长满野生华北楼斗菜、升麻、落新妇、独活、草乌等植物。溪涧上方有东陵八仙花枝、天目琼花、北京丁香等遮挡。最为迷人的是山葡萄在溪涧两旁架起天然的葡萄棚，紫色的葡萄让游人垂涎欲滴。

（4）泉

泉水或喷泉可作为园林景观的主题，如配植合适的植物加以烘托、陪衬，效果更佳。如泉城济南，以其趵突泉、珍珠泉等饮誉神州大地（图7-64）。又杭州西泠印社的"印泉"，面积仅1平方米，水深不过1米。但其池边间隙却夹以沿阶草，岸边又种植孝顺竹、梅花等，形成了一幅疏影横斜、暗香浮动的画卷。

图7-63　网师园水面　　　　　　　　　　　　　图7-64　济南珍珠泉

（5）河

颐和园的后湖（后溪河）两岸种植高大的乔木，形成了"两岸夹青山，一江流碧玉"的图画。在全长1000余米的河道两岸上，种植有数量庞大的槲树，起着分隔的作用，沿岸还有柳树、白蜡等。此外，山坡上的油松、栾树、元宝枫、侧柏，加之散植的榆树、刺槐，形成了一条绿色的长廊。山桃、山杏点缀其间，让人行舟漫游，真有山重水复、柳暗花明之乐趣。从后湖桥凭栏眺望，古树参天，湖光倒影，这正是"两岸青山夹碧水"的最好写照（图7-65—图7-67）。

图7-65　颐和园后湖1　　　　图7-66　颐和园后湖2　　　　图7-67　颐和园后湖3

3）水边的植物种植设计

水边的植物种植设计与其他园林要素的组合构图，是水面景观的重要组成部分。

◆ 以树木构成主景水边常栽植一株或一丛具有特色的树木，以构成水池的主景，如水边栽植红枫、蔷薇、桃、樱花、白蜡等，都能构成主景。

◆ 利用花草镶边或与湖石结合配植花木、自然式的驳岸。常常选用耐水湿的植物，栽在水边能加强水景的趣味性，丰富水边的色彩。像万寿菊、芦苇等植物，可突出季相景观，同时也富于野趣。在冬季，水边的色彩不太丰富，倘若在驳岸的湖畔设置耐寒而又艳丽的盆栽小菊，便可以添色增辉。在配植水边植物时，多采用草本或落叶的木本植物。它可使水边的空间有变化，因为草花品种丰富，经常更换便可丰富景观。

◆ 林冠线。园林的植物配植比较讲究植物的形态与习性，如垂柳"更须临池种之，柔条拂水，弄绿搓黄，大有逸致"（《长物志》）。池边种垂柳几乎成了植物配植的传统风格。水边植物配植宜群植，而不宜孤植，同时还应注意与园林周边环境相协调。当水边有建筑时，更应注意植物配植的林冠线。

◆ 透景线。在有景可借的水边种树时，要留出透景线。水边的透景与园路透景有所不同，它不限于一个亭子、一株树木或一座山峰，而是一个场面。配植植物时，可选用高大乔木，要加宽株距，用树冠来构成透景面，如北京颐和园选用大桧柏将万寿山的前山构成有主景和有层次的景观（图7-68）。

图7-68 透景线示意图

◆ 色彩构图。淡绿透明的水色，是调和各种园林景物的底色，它与树木的绿叶是调和的，但也比较单一。因此，最好根据不同景观的要求，在水边或多或少地配植色彩丰富的植物，使之掩映于水中（图7-69）。

水边植物的配植在平面上，不宜与水体边线等距离，其立面轮廓线要高低错落，富于变化；植物的色彩不妨艳丽一些，但这一切都必须按照立意去做。水边的植物宜选择枝条柔软的树木，如垂柳、榆树、乌桕、朴树、枫杨、香樟、无患子、水杉、广玉兰、桂花、重阳木、紫薇、

图7-69 色彩丰富的植物倒映在水中

冬青、枇杷、樱花、白皮松、海棠、红叶李、罗汉松、杨梅、茶花、夹竹桃、棣棠、杜鹃、南天竹、黄瑞香、蔷薇、云南黄馨、棕榈、芭蕉、迎春、连翘、六月雪、珍珠梅等。

4）水生植物的种植设计

（1）水生植物在园林中的作用

水生植物的茎、叶、花、果都有观赏价值。种植水生植物可以打破园林水面的平静，为水面增添情趣；还可减少水面蒸发，改良水质。

（2）水生植物分类按其习性，水生植物可分为3类：沼生植物，浮生植物，漂浮植物。

（3）水生植物的配植技术

水生植物的配植应数量适当，有断有续，有疏有密。一般小的水面，水生植物所占面积不宜超过1平方米，一定要留有充足的水面，以产生倒影效果且不妨碍水上的活动，切忌种满一池水生植物或是沿岸种满一圈（图7-70、图7-71）。

因地制宜，合理搭配。根据水面性质和水生植物的习性，因地制宜地选择植物种类，注重观赏、经济与水质改良3方面的结合。

图7-70　荷花满池栽种不能产生倒影（错误）　　　图7-71　睡莲时断时续地栽种（正确）

7.4.4　园路的植物种植设计

在新建园林中，园路占总面积的12%～20%。它的作用与城市道路不同，既为交通，也为导游。通过园路，可以游览各个景区。园路本身也是景观，它变化多样，似路又非路，没有整齐的路缘，也不一定要种成排成行的行道树。园路的布局要自然、灵活，又要有所变化，常用的乔木、灌木、地被植物、草皮等与其多层次的结合，构成了具有一定情趣的景观。

1）园林主路的植物种植设计

园林主路的绿化特别要注意树种的选择，使之符合园路的功能要求（包括观赏功能）；在配植上要特别考虑对景的要求。一般的直路常由整齐的行道树构成一点透视，便于设置。对景园路旁的树种选择，一般要求主干优美、树冠浓密、高低适度，起画框作用，如合欢、马尾松、白蜡、元宝枫、香樟、乌桕、无患子等。

（1）同一树种或以同一树种为主的园路

这种配植方式容易形成一定的气氛，表现某种风格或体现某一季节的特色。有的风景道路，由于路线较长，两旁多为自然景物。因此，树种不必整齐对称，可结合路旁景物，开辟透视线；也可以结合路旁树木、山石，分段配植不同的树种，并注意前后树的衬托关系。

（2）多个树种的园路

在自然式园路旁，如果用一个树种，往往显得单调，不易形成丰富多彩的路景。如杭州花港观鱼牡丹园南路，一边以碧桃、海桐、柏木形成屏障；另一边基本不种树，只用一两个树丛起蔽荫作用。人在路上行走，感觉就在牡丹园中。碧桃株距是3.5米，树干下为杜鹃、海棠，路缘经常变换着各色草花。早春时节，碧桃盛开，与柏木红绿相映，形成一条美丽的花带（图7-72）。

2）园林径路的植物种植设计

园路的植物配植和园林草坪一样，需要利用丰富多彩的植物，以产生不同的情趣。

（1）野趣之路

在布置自然式园路的景观时，必须注意以下3点。

◆　要选用树姿自然、体形高大的树种，切忌采用整形的树种；布置要自然，树种不宜太多，乔木以3种左右为宜。

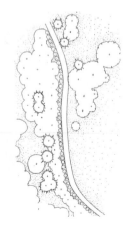

图7-72

◆ 要有自然点景，如散置于路旁的石块，或有意识地设置简朴的茅舍、亭台等。

◆ 要注意周围景色的"野趣"，最好设置于人流少、安静之处。

（2）山道

在山地或平地的树丛中设路，宜加强其自然平静的气氛。特别是在自然风景区中，林中穿路是最为常见而极具山林野趣的道路形式（图7-73）。

（3）花径

花径在园林中具有特殊情趣。它是在一定的道路空间里，以花的美态和艳丽的色彩创造一种浓郁的气氛，给游人以艺术享受，特别是花盛时期，这种感染力就更为强烈（图7-74）。

图7-73　山道

图7-74　花径

图7-75　林中小径

图7-76　植草路面

（4）小径

小径有如园林中的小支脉，虽然长短不一，但大多数为羊肠小道，宽度一般在1米左右。在树林中开辟的小径，往往是浓荫覆盖所形成的比较封闭的道路空间（图7-75）。

3）园路的装饰

（1）路缘

路缘是园路范围的标志，它的植物配植和周围环境紧密结合，直接影响着道路的空间感。如果采用低矮植物，可以扩大空间感；如果采用人的平均高度以上的植物配植，可以起到遮挡视线的作用，并加强了道路封闭、冗长的感觉；如果路缘植物配植的株距不等，与路缘界线的距离也不相同，则可创造近于自然的空间感。

（2）路面

以植物处理路面，一般采用石块或混凝土块中嵌草或草皮上嵌石块的形式。根据石块形状的不同，可形成方块、冰裂纹、梅花、人字形等各种形状的路面效果。近来还有专用的植草路面砖，常常用作区别不同道路的标志。这种路面除了装饰、标志的作用以外，还可降低地面温度（图7-76）。

（3）路口

路口的植物配植要符合和加强路口功能的作用。作为道路视线的终点，它要起对景作用，可与山石结合构景，如济南植物园东南入口，是以山石、榆叶梅与大片雪松这一背景树构成大尺度的"绿色屏风"。而杭州植物园办公楼东边入口，则以特殊植物大海芋和书带草与山石巧妙地组成"植物小景"。

学生考核评定标准

序号	考核项目	考核内容及要求	配分	评分标准	得分
1	植物种类的选择	种植种类的选择是否满足植物的生态习性	20	不标准，扣10分以上	
2	种植设计的形式	植物配置的形式是否考虑的平、立面的变化	20	不标准，扣10分以上	
3	种植设计平面图	各种园林植物平面图的正确表现	30	不正确，扣20分以上	
4	种植设计施工图	植物种植施工图的绘制	30	不正确，扣20分以上	

拓展训练与思考

1.园林植物有哪些作用？

2.种植设计应遵守哪些原则？

3.园林植物种植的形式有哪些？

4.花坛的设计要点有哪些？

5.背景树的选择应注意哪几点？

6.确定树木间距的原则有哪几条？

7.如何通过植物种植设计突出山林之趣？

项目模块8
景观设计实践

任务目标

根据设计任务地形图完成某市新行政中心广场景观设计。

任务要求

1.以3~5人为设计团队，确定某城市为项目地点，结合当地历史文化背景进行创意构思。同时，遵循上轮规划的道路、建筑、水体等布局，合理地确定广场、绿化尺度。

2.设计成果内容：说明书、设计创意解析图、总平面布置图、总体及

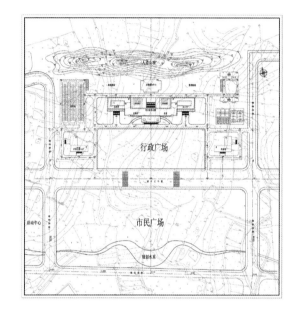

局部效果图、分析图（功能、形态等）、夜景设计图、植物配置图、景观小品等。

知识链接

1.了解项目的城市历史文化背景。

2.研究相关工程案例。

任务实施

1.相关工程案例的研究分析（8学时）。

2.在第一实训周内，接受设计任务并现场调研，收集项目的相关资料（包括地形图、上轮规划等）。进行方案构思，绘制设计草图并进行初步汇报。

3.在第二实训周内，在初步汇报的基础上进行总平面布置并进行景点设计及效果图、表现图制作，包括功能分析、形态分析、夜景、植物配置、景观小品等设计。最后编制设计说明及PPT阶段性成果汇报书。

4.在第三实训周内，根据上轮汇报意见修改方案并完成最终结果，综合评定团队中每个成员的个人成绩。

小庭院

在进行庭院设计时，应注意以下几点。

1）和建筑空间的协调性

对长方形建筑空间的特点及流线安排，应充分利用绿化来完成。简单的做法可以在庭院中种些花草，或者设计一个构成由绿色植物构成的苗圃。用曲折小道配合高大树木，让人产生"庭院深深"的感觉，而曲形拱门、雕花栏杆、立柱涡卷配合精心修剪的矮丛植物，再现欧陆风情。

2）亲和性

一般来说，庭院的基地不是很大，因此设计时应仔细推敲，多采用开放式和闭合式相结合的手法。目前，我国的私家庭院从风格上可分为四大流派：亚洲的中国式和日本式，欧洲的法国式和英国式。

3）可达性

为了充分利用庭院空间，尽量不要再用围墙来强化其封闭性；同时，不要采用有刺和有毒的植被。

下面为南方某酒店小庭园景观设计的案例（图8-1），充分实现了建筑与周边环境的协调与统一，为其进行长期良好的运营创造了有利的条件。下面，以该酒店为例谈谈小庭院设计原则与设计理念。

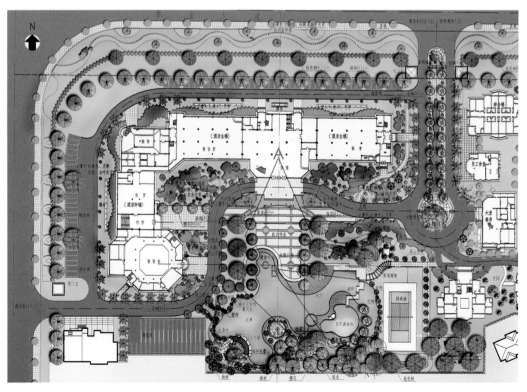

　图8-1　总平面图

8.1.1　设计原则

①"以人为本，天人合一"作为园林景观设计永恒的可持续发展的主题，以生态森林景观理念设计酒店环境。

②酒店建筑采用欧式风格，园林景观以江南水乡风格为主，中西合璧，与国际接轨。

8.1.2　设计理念

庭园以"天诚天龙"为中心主题，在平面构图上以"水龙腾跃"的象征图形展开，体现江南水乡的"水"文化。

水，给环境注入灵气，也给人带来水的记忆、水的生活。根据设计哲学及方法论，设计从人的"五觉"出发，集中突出以下5个方面，进行环境景观艺术设计。

（1）听

水声、树摇风声、鸟叫虫鸣等天籁之声（通过背景音乐设置），风吹石之间隙的地籁之声，琴声、钟声、笛声等人籁之声。

（2）看

观水之动、竹之色、花之红、草之绿等自然风景。

（3）闻

嗅水之无味、竹之清爽、花之清香等自然之气，雾喷、檀香等清神之味。

（4）触

摸水之清凉、石之峥嵘、竹之挺拔、草之柔软等自然之质，抚雨亭之石、之雨，感受走廊的巧夺天工。

通过以上"五觉"的体会，达到自然与人的合一共生。设计所用的元素为中国《易经》"五行"的概念，通过对"金、木、水、火、土"5种元素的再创造运用，创造出一种新现代主义的中国风格的江南景观文化。

8.1.3　景观划分及构成

从图8-1所标平面图可以看出该酒店庭园景观的结构。庭园景观主要由龙腾广场、水体和森林草地3部分构成。

1）龙腾广场

龙腾广场与酒店入口及大堂位于同一轴线上，主要以硬质铺地为主。在硬质广场上安排3组欧式喷泉，广场两侧各栽植一排银杏，通过此景观的塑造体现了酒店建筑的气派。欧式喷泉与主体欧式建筑风格协调一致，动态喷泉更是强调了酒店入口处热情的氛围（图8-2）。

2）水体景观

水体景观主要由龙潭、龙穴和室外游泳池

图8-2　A点景观透视图

构成庭园的中心。水面的驳岸线自然蜿蜒，在水体岸边设置"恩波吟月""汀水竹轩"、景观亭、汀步、曲桥等景观。在此顾客可以进行静心、亲水、观景、交谈等休闲活动（图8-3、图8-4）。

图8-3　B点景观透视图　　　　　　　　　　　图8-4　C点景观透视图

3）森林草地

　　主要在中心水体的周边进行植树造林，并在林间设置了廊架和网球场供顾客运动休闲。植物配置主要以乔木为主，结合乔、灌木与草花。植物常绿、落叶、彩叶结合，以木本花卉为主，木本花、草本花、草坪结合，形成丰富多姿、疏密有致、色彩斑斓的园林景观。立体绿化同时体现卓越的生态效应（图8-5）。

　　通过对以上各种景观的塑造，使人能通过自然以及我国的传统文化感知自然，使人感受到自我而又别有所悟，达到一种自我放松，而从商业角度上又塑造了一个环境与文化合一的高品质产品。此设计不但弘扬了文化，而且创造了特有的经济运作文化的方式。

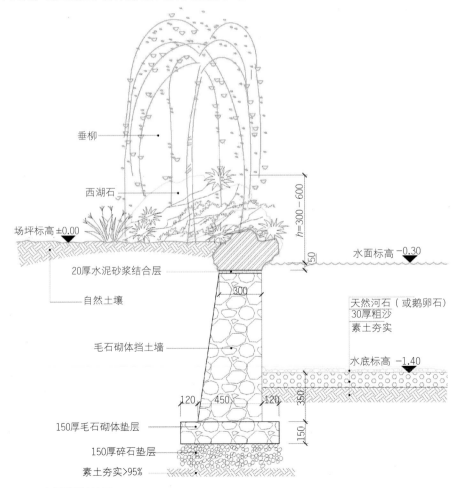

图8-5　水体驳岸结构图

8.1.4　小品方案比较

景观与环境设计（一）

建筑小品类：
　　建筑小品以生活性、趣味性、观赏性的主题为主，它不仅为人们提供识别、休息、运动等物质功能，同时具有点缀、烘托、活跃环境气氛的精神功能。设计求其精，不求其多，要求造型简洁、流畅，体现酒店主体风格，与整个广场环境相协调。

景观亭（意一）

景观亭（意二）

景观亭（意三）

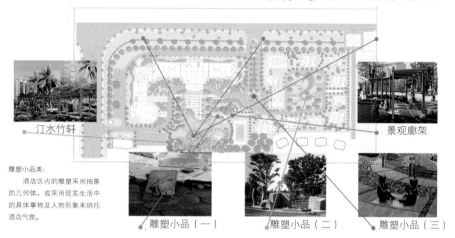
江水竹轩　　　　　　　　　　　　景观廊架

雕塑小品类：
　　酒店区内的雕塑采用抽象的几何体，或采用现实生活中的具体事物及人物形象来烘托酒店气氛。

雕塑小品（一）　　雕塑小品（二）　　雕塑小品（三）

湖北天诚国际大酒店景观方案设计
HUBEI TIANCHENG INTERNATIONAL HOTEL ARCHITECTURE DESIGN
武汉钢铁集团设计研究总院建筑设计院
⑪

图8-6

景观与环境设计（二）

座椅小品类：
　　座椅散布在龙腾广场及休闲步道两侧，造型简洁、流畅，色彩丰富明快。材料上以木质为主，结合花坛、水池的边缘做一些花岗岩贴画的石椅。

木凳　　　木椅　　　木桌凳　　　石桌凳

花坛坐凳　　　　　　　　　　　　曲桥

护岸类：
　　沿湖护岸根据不同的环境，创造功能性与艺术性相结合的江南水乡式湖岸风格。在自然湖面与规整式游泳池面采用不同艺术造型，之间用自然的手法将两者联系在一起。

护岸（一）　　护岸（二）　　护岸（三）　　游泳池护岸

湖北天诚国际大酒店景观方案设计
HUBEI TIANCHENG INTERNATIONAL HOTEL ARCHITECTURE DESIGN
武汉钢铁集团设计研究总院建筑设计院
⑫

图8-7

JINGGUAN SHEJI

地面铺装类：

　　铺地具有功能性、装饰性、象征性、秩序性和表情性等多层次意义。铺地分为规则式、不规则式。材料根据不同的铺地用途而定，主要是石材与木材。

铺装图案（一）　铺装图案（二）　铺装图案（三）　铺装图案（四）　广场铺装（三）

小径铺装　　广场铺装（一）　　　　　　　　　　　　　　　　　　广场铺装（二）

运动类：

　　酒店为了实现集休闲与娱乐一体的多元化共享空间，设置了游泳池、网球场、林中漫步等娱乐项目，提高生活档次。

游泳　　　　　　　网球运动　　　　　　林中漫步　　　　　跳石路铺装

湖北天诚国际大酒店景观方案设计
HUBEI TIANCHENG INTERNATIONAL HOTEL ARCHITECTURE DESIGN　　　武汉钢铁集团设计研究总院建筑设计院

⑬

图8-8

生态城市广场

都昌生态城市绿化广场位于新旧城区的结合部，且周围有大量的居住区。为了改善城市南部的自然环境与小气候，同时为居民创造一个优美的休闲环境，政府部门拟在此地筹建一个为广大市民服务的城市绿化广场。基地内有大片的低洼地，为构成以水为主景的特色环境提供了条件，使其成为城市水景系统中的一个重要节点。

8.2.1 景观设计定位

都昌生态城市绿化广场的景观设计定位可以用"大众""生态"来概括。"大众"是现代园林的一个共同追求，它体现在对市民"仁爱""参与""自我实现"的需求满足上。随着经济的发展，人们的生活质量不断提高；节假日的增加，推动了旅游事业的蓬勃发展，大众对公园的功能需求日益强烈。因此，在设计中应充分考虑现代人的行为与心理特点，为市民提供一个休闲、宁静、具有一定文化品位的空间环境；而"生态"也是城市发展过程中一个逐渐被人们认识和重视的问题。城市绿化广场作为城市的"肺"，在改善城市的生态环境方面起着重要的作用。在此景观设计的过程中，为使城市绿化广场能有效地发挥其生态功能，除较大面积的水面外，均以大面积的绿地为主。

8.2.2 景观设计理念

都昌生态城市绿化广场作为一个大众、生态的城市广场，其设计思路以使用者为出发点。在功能配置上，集游、观、玩、憩为一体，科学布局，合理规划。在设计手法上，充分结合自然条件，以水作为主景来划分和联系各个区域。景观设计因地制宜、适意成筑，运用传统的造园手法与现代城市景观设计手法相结合的手法，体现"以绿为主、生态第一"的设计理念，同时展示城市的自然特色（图8-9、图8-10）。

图8-9 鸟瞰图

图8-10 总平面图

8.2.3 空间构成与景观设计

1）空间构成

都昌生态城市绿化广场的空间构成为结合自然条件，采用"外敛内放"的方式。两端中心为开敞的水面，四周为陆地。陆地空间利用建筑和植物围合成相对封闭的聚集空间，创造安静宜人的空间氛围。各个相对独立的空间又形成富有层次、相互渗透的空间序列。各空间的"意境"表达则是通过空间特色、场所等来体现其相应的"氛围"，使人触景生情、依静而思，从而达到情景交融的目的。

园林空间是包括时间在内的四维空间。这个空间随着时间的变化而发生相应变化，主要体现在植物的季相演变上。根据植物的季相变化，搭配种植不同花期的植物，使得同一景区在不同时期，产生不同的景观效果，给游人以不同的感受。而植物与建筑、水、小品的搭配，也因植物的变化不同而表现出不同的画面效果。

2）景观设计

都昌生态城市绿化广场的景观设计主要通过一条景观主轴线、五个景观区和三个景观节点来构成景观系统。以期在空间组织和景点设置上达到最优的组合，使市民在不同的位置、方向上都能欣赏到最佳的景观效果。一条景观主轴线形成一条空间视廊；同时，结合景观分区、景观节点，形成不同层次、不同形式、不同意境的景观序列（图8-11、图8-12）。

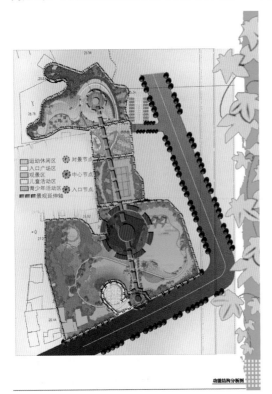

图8-11　功能分区结构图　　　　　　　　　图8-12　景观意向图

入口广场区主要是市民进入广场的集散地，主要设置了一个古树广场。古树广场以大树、圆形铺地和廊架组成，供市民在此休息、集散。

观景区主要是由密林、疏林草地、大草坪、樟林夕照等几个相对独立又相互联系的空间组成。中心湖面是此区最为开敞的空间，周边安排有观水阁、曲水流觞、观水亭、古树逢春等景点。其观水阁、观水亭等园林建筑与自然水体环境融为一体，伴随着溪水流转，潺潺有声，体现出"秀若天成"的境界。

运动休闲区主要在疏林草地间安排网球场、全民健身器材以及座椅，供市民在大自然中做运动。

儿童活动区紧临运动休闲区，主要在疏林草地间安置一些儿童玩具及一些游乐设施供广大儿童来此玩耍、游乐。

青少年活动区主要以一个嬉水性的游泳池和活动中心建筑构成此区的主体，主要为儿童夏季提供嬉水、游泳的场所。

8.2.4　植物配置

植物配置以常绿植物为主。为了满足划分空间和组织景区的需要，在不同的景点，应突出不同的树种，以形成风格各异的景观效果；为了创造良好的休息娱乐空间，在广场的四周均以浓密的乔、灌木和绿墙屏障加以隔离。

在树种的选择和搭配上，通过不同的植物创造不同的景色空间，形成各具特色、四季色相分明的生态植物群落。在每一个植物群落中适当配置一些其他色相的花灌木，不仅弥补了树木季相变化单一的缺点，还使植物群落的林冠线高低起伏、变化有致，林缘线有进有退、更接近自然。

广场的植物配制充分考虑到游人的心理特点。同时，还应注重植物的景观并强调植物的功能种植，使植物的配置基本符合综合性、科学性、艺术性、合理性以及地方性等要求，以提高环境的艺术张力（图8-13）。

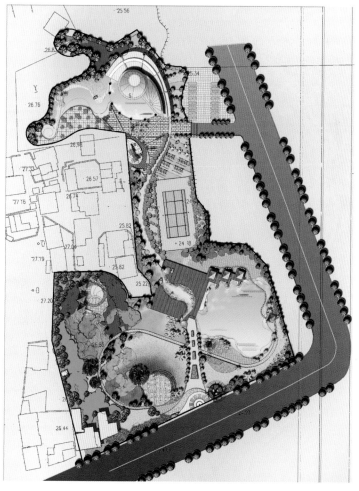

图8-13　种植示意图

滨江公园

武钢集团为了营建一个区域性的会议接待、休疗养度假中心；同时，又为武汉大都市圈内建造一流的大型假日休闲胜地，决定在武汉观音湖选址规划具有意境之美的中式园林的度假会议中心。此中心在借鉴他人成功经验的基础之上，力求突破与创新，打造出一个规划合理、景观造型丰富、配套设施完善的大型高尚度假区。

8.3.1　基地现状

基地占地面积（拟订红线范围内，49.1公顷，即736.5亩）。其中，卧龙半岛（42.4公顷，即636亩）；蟹钳岛（6.7公顷，即100.5亩）。

1）地形地势

实测水面高程109.16米，岛体岸线平均高程109平方米，最高高程181.77米，"龙形"山体的控制高程从北到南为138.79—131.15—130.2—137.8—137.81—141.5—142.4—152.8—148.2—149.6—153.6—150.9—145.6—176.5—181.7—161.6—157.1—130.3—141.9（蟹钳岛）—134.4，共计16个高程控制点。地势北低南高，鸟瞰地势如"飞龙击水"。

2）植被

山体植被丰富，近水岸线沿线植被为针叶和阔叶混交林，有枫树、板栗树、栎树等，密林处有多种中草药材，山顶多为松树，树龄为10～15年。

3）农村居民点

区内有农村居民点一处——黎家湾，共有6户居民，电力取自农用电网，取水为湖水。

8.3.2　理念与构思

山水景观与人文精神相得益彰，维持生态平衡，注重可持续发展。山水园林，立意为先，将中国传统的"龙"文化思想注入山水景物中，营造富有人文气质的山水意境，即"龙生水响""龙腾观音湖"。

"春夏养阳，秋冬养阴"的休闲养生理念源自中国古代四时养生之说，效法自然，维护生机。因西北属地阴，规划秋、冬之景；东南属地阳，规划春、夏之景。

返璞归真，经济合理。当代社会追求简约、环保、怀旧的思想情绪。用最经济、最原始、古朴的材料，营造富有浪漫色彩的主题景观。

采用"内核文化"与"外缘理念"相互交叉、裂变，产生新景观主义的手法，关注人对场所的感知和体验，形成人与环境之间的互动，达到共融。将观音文化与休闲文化、仿生海洋文化结合起来，以此规划主题景区。

8.3.3　性质规模

武钢观音湖度假会议中心既是武钢集团区域性的会议接待、休疗养度假中心，又是武汉大都市圈内一流的大型假日休闲胜地。

8.3.4　功能分区与景观划分

本区分为十大景区，分两期建设，主入口设在南部（图8-14、图8-15）。

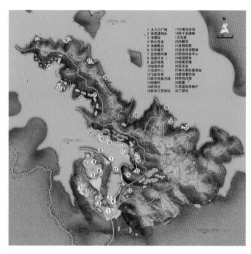　　　　　　　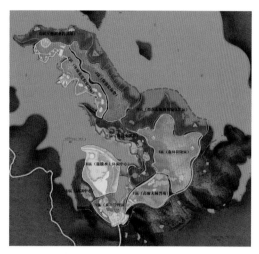

图8-14　景观分区示意图　　　　　　　　图8-15　景点规划分布图

1）A区——入口景区

入口景区包含交通换乘、管理、展示功能。利用原有湖汊、民宅和水塘等地标物，顺势布局，形成"阴阳合一"的拓扑布局。主题景观是"天地日月"广场和观音渡游艇码头。

"天地日月"是利用模纹缀花草坪，种植成周易"八卦"中天、地、日、月的隐喻图案，与周围的喷泉水池，形成入口广场。

"观音渡"码头是水上运动项目的起点，与116米高程上的观景台和管理用房形成民风古朴的坪坝式广场。在此，可观龙舟竞渡、看两岸桃花。

浮雕墙利用传统石雕工艺"双面雕"，是反映武钢几十年创业奋斗精神的艺术浮雕墙。

2）B区——龙腾水上休闲中心

在原有蟹钳岛处，水浅仅1.5米，枯水季节为滩。岛体形态独特，相对独立。此处规划成为内、外兼营的水上游客中心。

在原有水体岸线基础上增加一座栈桥——龙珠温泉游泳馆。形成隐喻"含珠龙首"的半岛形态。

主题景观是"蓝桥临风""龙珠喷泉""水榭歌台""栈道怀古"（图8-16）。

3）C区——休疗养度假会议区

此区位于基地北部，三面临水、一面靠山，视野开阔。规划满足200人休闲度假的别墅村和200人开会的半岛国际会议中心（图8-17）。

布局采取"一主两翼"的布局方式，在突出的半岛中轴线上依山就势地布置3320平方米的会议中心和2300平方米的综合楼，中轴线西侧布置豪华独立式别墅群，以观光标志塔为中心，沿水岸呈放射式布置；中轴线东侧布置双拼式日式别墅村；出挑大屋檐和水景大露台，使度假别墅风格展露无遗。每个别墅区以溪流及绿树环保相串联，建筑与环境共生，形成一个"生态细胞单元"。

别墅建筑村靠山坡一侧，建设"流水清音"壁泉。建筑或伸入水面，或掩入林间。"枕湖听泉"的景观意向，使休疗养度假会议中心具有宁静致远的高雅意境（图8-18）。

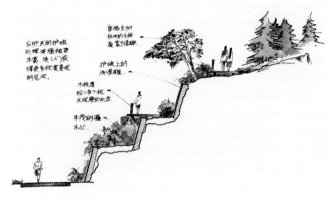

图8-16 "栈道怀古"

图8-17 国际会议中心

图8-18 "流水清音"壁泉

4）D区——培训中心

位于入口区西侧，龙首蟹钳岛西侧，闹中取静，设计一书院式的培训中心。

5）E区——田园交响曲

此景位于入口景区与度假会议区之间的过渡地段，正对游乐区。此区港湾林立、水系蜿蜒，空间环境宜规划为田园野趣的风格，使久居都市的人们在此尽情释放疲劳紧张的神经，体会"田园牧歌"般的乡间生活情趣。水岸线的阳光花岸由"武钢之歌"五线谱组成，体现了武钢的精神内涵和原动力的企业精神。

此处的主题景观是"民间工艺作坊一条街"和"沙滩休闲区"。

（1）民间工艺作坊景区

规划"听箫台""舞剑坪""工艺陶吧""竹吧""琉璃工房"，体现"高台听箫、丛林舞剑、行走江湖"的武侠文化生活情趣。背景山地遍植桃李、板栗经济林，滨水种植菊花、百草药园，有"采菊东篱下，悠然见南山"之意境（图8-19）。

（2）沙滩休闲区

规划"贝壳屋""海螺宫""沙滩滑冰场""秋千采槟榔"等休闲文化主题景点。水上开设滑水、冲浪区，将春、夏两季休闲文化的活动内容规划于此景（图8-20—图8-22）。

图8-19　民间工艺作坊

图8-20　贝壳屋

图8-21　海螺宫

图8-22　秋千采槟榔

6）F区——高尔夫练习场

高尔夫练习场作为二期开发的项目，规划小型开球馆一处、4洞练习场一处，背景为果岭。

7）G区——悬湖垂钓场

北部悬湖垂钓场与龙珠岛遥相呼应，此区地势较陡，临水僻静处适宜秋冬项目设置，规划垂钓场，翠雨丹霞自助餐厅，灵芝观景独思台，观景茶楼。这类项目占地小，简单易建，经济环保，可体验净心养身的休养、疗养生活（图8-23）。

图8-23　"翠雨丹霞"

8）H区——部落古风村

此区位于东部，为二期开发项目，位置较偏，林荫深深，空间环境特征为神秘、怪异。因此，规划为模拟南非部落古村落，主题景点是草屋与神火祭祀表演台、瞭望台、海盗船快餐厅，将原始部落的古寨风情融入游戏活动，再现部落遗风的景观风格。

9）I区——森林探险区

此景区为二期建设，以生态保护为主，保持原有生态林相，拟建为适宜现代青少年活动的一个野战探险营。

10）J区——松林区

此景区保持原有生态林相，以保护为主，仅在林间开发少量的活动式木屋。

8.3.5 植物配置设计

1）植物配置原则

植物配置力求做到功能上的综合性、生态上的科学性、配置上的艺术性、风格上的地方性及经济上的合理性相统一。

2）植物配置特点

①为总体布局服务，通过植物的配置，形成多种不同的空间。

②在植物组景中，既有大面积花灌木的种植，体现植物的群体美，给人以赏心悦目的感觉；又有小的点景植物的种植，体现植物的个体美，使人产生诗情画意般的联想。

③植物以乔木为主，乔、灌、草结合，常、落、彩结合，形成丰富多姿、色彩斑斓的园林景观。恰到好处地发挥植物的特性，追求卓越的生态效应。

④绿化是其形，文化是其神，形神兼备、以形赋义，追求"诗情画意"。诸如"梅花香自苦寒来""岁寒三友浩然气""竹外桃花三两枝""数枝丹枫映苍桧""立德松为范""凌云柏龙涛""求知竹知师""九里飘桂香""傲雪梅俏枝"等景致，最终使得整个度假区体现出这样的情形——林木葱郁，四季长青，繁华似锦，虫鸣鸟语，气候宜人，宜居宜行，森林与人类共生、共存、共荣。

8.3.6 结语

武钢观音湖度假会议中心园林景观的设计，立足原有的自然山水造园，紧循园林文化蕴涵意境的象征表现，将自然景观与人文景观相结合，透出各种意境，独创了一个既满足现代需求又传承历史文化古韵的别致景观，给人以无限遐想的空间。同时，创造出清纯优雅的格调和"城市山林"的气氛。这种氛围不仅仅是景致的幽静，更重要的是，它是一种人文与自然的融合。

居住区

居住区景观设计的目标是什么？说到底是一切以住户的景观需求为出发点，即创造面向生活，面向家庭社区的生活。具体归纳为3个方面。

1）"安全"的

在这种居住区景观环境中，人们不必担心各类来自外部或内部的侵扰，居住区景观环境应当是安全的。

2）"安静"的

人们一天24小时、一年365天，主要依靠回到居住区、回到家里的时间来享受安宁。没人希望居住区整天敲锣打鼓，尤其是身处繁华街区的现代人。

3）"安心"的

有了安全，有了安静，人们就会心平气和。离开了喧嚣繁杂的公共景观场所，脱离了紧张忙碌的工作，暂停了尘事间的竞争，人们回到居住区就会身心放松，就会安心。因此，居住区景观应当是安心的。

下面以盘龙凤凰居住区景观设计为例（图8-24），浅谈该居住区的设计理念。

1.主入口
2.迎宾花坛
3.主体喷泉
4.透景墙
5.楚山梅园
6.幽雅阁
7.樱园
8.青桐走廊
9.枇杷园
10.幽幽林廊
11.组团入口
12.行道树
13.停车位
14.休憩园
15.圆满广场
16.红枫林
17.九重杏林
18.紫竹林
19.炎黄广场
20.凤凰广场
21.沐晖园
22.映桃园
23.地下停车场入口
24.健身区
25.羽毛球场
26.屋顶花园
27.旋转楼梯
28.绿荫广场
29.岁月留痕
30.绿江泛舟
31.水龙吟（旱喷）
32.泽龙广场
33.跌泉
34.景观步道
35.步道入口
36.晴川烟槐

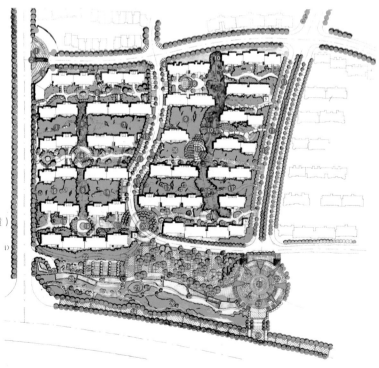

图8-24　总平面图

8.4.1 景观设计理念

1）土地的记忆

　　盘龙城是楚文化的发源地，是武汉历史的来源之一。对盘龙城历史遗址的开发和利用，是武汉市重点投资工程。本项目邻近盘龙古城，应充分利用这一天时、地利条件；同时，它也是建造高品位住宅区的重要的无形资产。

　　"楚人尚鸟"，凤凰是楚人的崇拜图腾，是人们的灵魂寄托；在民间，"家有梧桐树，才有凤凰来"的传说家喻户晓。因此，以梧桐作为本小区基本树种是"龙凤文化"的重要载体。

　　做出"龙的气势，凤的灵巧"，是文化设计的追求。

2）园林、院落、意境

　　小区营造"山林"意境，形成"我家住在树林中"的感觉。营造"水泊"意境，形成"我家住在湖岸边"的感觉。在山林里，人们体会"踏月而归的感觉"，"春山淡冶而如笑，夏山苍翠而如滴，秋山明净而如此，冬山惨淡而如睡"。

　　"院落式"是中国古建筑的基本组成模式，从皇宫到民居莫不如此。现代居住组团也在追求这种构成方式，是因为院落是一种人性化的居住模式。

3）经济性原则

　　①以绿化为主、硬铺为辅，面状或带装绿化、点状或线状硬化。

　　②采用本土树种，如梧桐、竹子、槐树、枫香、构骨、栀子花等。

　　③本土建材，如三峡的石材，广水的青石、卵石等。

　　④尊重原始地形，掘山堆池，创造出丰富的空间效果。

8.4.2 方案设计

　　盘龙·凤凰小区力图为市民营造一处悠闲的原生态山水园林居所。小区设计尊重自然，保护生态，虽由人做，但宛若天成，使建筑与自然和谐相融，"山、水、居"浑然天成，着力体现"把家轻轻放在自然中"的诗意栖居的意境。

　　入口广场是市民进入小区的集散地，由圆形铺地和水龙吟、跌泉两处水景组成，供市民在此休息、集散（图8-25—图8-28）。

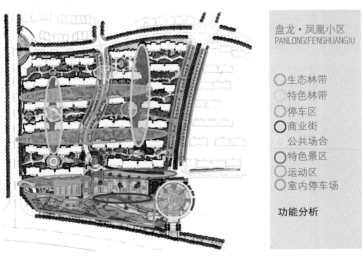

盘龙·凤凰小区
PANLONG(FENGHUANG)U

○生态林带
○特色林带
○停车区
○商业街
○公共场合
○特色景区
○运动区
○室内停车场

功能分析

　　　图8-25　功能分析

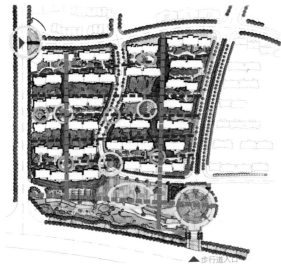

盘龙·凤凰小区
PANLONG(FENGHUANG)U

◯ 次要景观节点

　 主要景观节点

----- 主要景观带

∷∷∷∷∷ 次要景观描线

景观分析

▲ 步行道入口

图8-26　景观分析

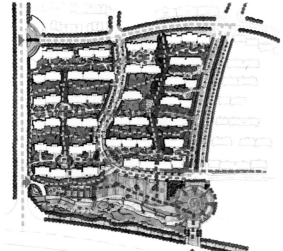

盘龙·凤凰小区
PANLONG(FENGHUANG)U

----- 步行交通流线

----- 消防交通流线

∎∎∎∎ 园路交通流线

∎∎∎∎ 车行交通流线

----- 商业步行流线

▼ 车行道入口

▼ 地下停车场入口

▼ 步行道入口

交通分析

图8-27　交通分析

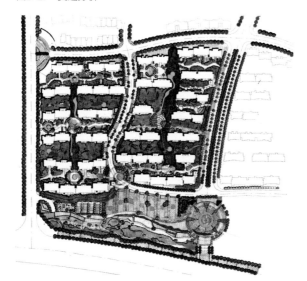

盘龙·凤凰小区
PANLONG(FENGHUANG)U

▬ 喷　泉

▬ 溪　流

▬ 水　池

▬ 水　井

水景分析

图8-28　水景分析

观景区由特色林带、特色景区和观赏草坪等几个相对独立而又彼此联系的空间组成。

小区中集中的活动区充分考虑了各类人群，绿树广场、小型水体景观等满足人们闲坐、放松和交流的需求。在宁静、舒适、安详的环境中，让人们找到家的感觉。活动区也可增加居民的活动量，并让居民感到这里更富生活气息和特别安全（图8-29—图8-32）。

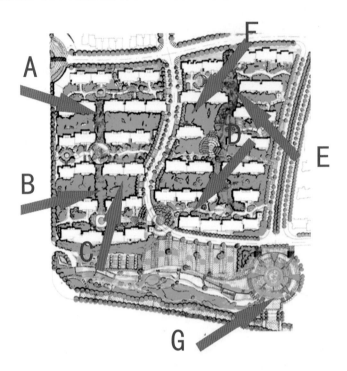

A 锦鲤池

B 河石水道

C 砖砌池塘

D 院落水景

E 木制水池

F 石墙瀑布

G 卵石小溪

图8-29 水景

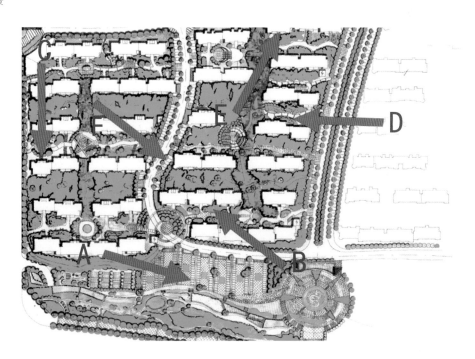

A 步行街

B 置石小品

C 单元入口景观

D 组团道路

E 块石步道

F 停车位

图8-30 节点效果1

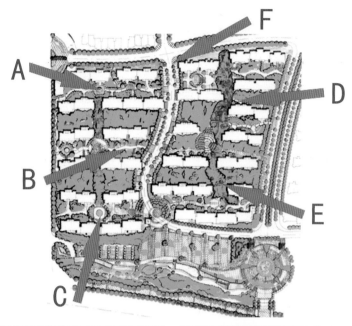

A 庭园休闲区

B 院落健身区

C 院落出口

D 步道景观

E 流水人家

F 文化墙

图8-31　节点效果2

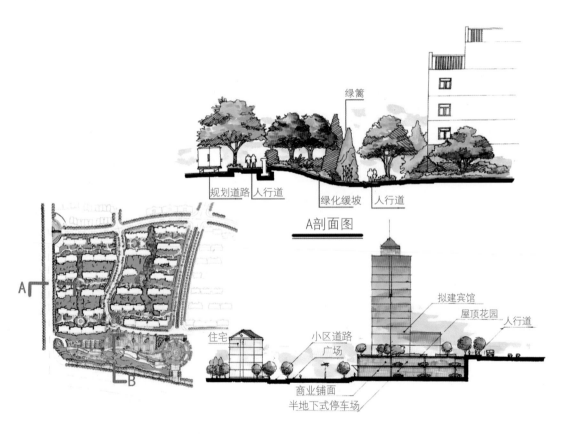

绿篱

规划道路　人行道　　绿化缓坡　　人行道

A剖面图

拟建宾馆

屋顶花园

人行道

住宅

小区道路

广场

商业铺面

半地下式停车场

B剖面图

图8-32　断面分析

8.4.3 植物配置

小区绿化采用绿色林带和生态林带相结合的配置方法，营造出一种"我家住在树林中"的意境，使植物配置既能满足绿地功能的发挥，也满足了植物观赏功能的发挥。在不同的节点上，选用不同的树种，形成了景色各异的景观效果，为小区创造出良好的休闲娱乐空间（图8-33）。

在树种的选择和搭配上，选用大量的本土树种，如梧桐、槐树、枫香、构骨、栀子花等。乔木与灌木、常绿植物与落叶植物、木本植物与草本植物搭配，形成各具特色、四季分明的生态植物群落。

在植物组景中，大面积的特色林带体现出植物的群体美，给人以宁静、安逸的感觉；小面积的景观林带和观赏草坪，体现出植物的个体美，给人以诗情画意般的联想（图8-34、图8-35）。

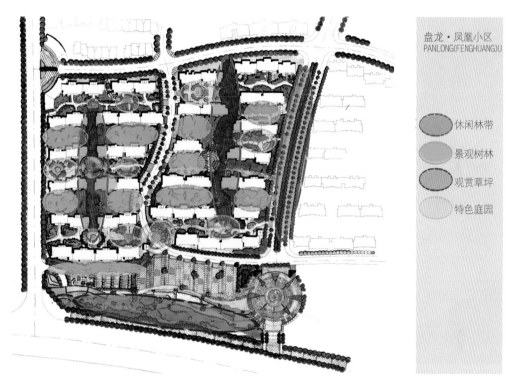

盘龙·凤凰小区
PANLONG(FENGHUANG)U

休闲林带

景观树林

观赏草坪

特色庭园

图8-33 绿化分析

（c）在自由式的景观中的竹景效果，自然而随意

（a）郁郁葱葱的落叶树在夏季里让人留恋

（b）落叶树在秋季里呈现出美丽的色彩

（d）几何的景观造型、种植各种草本花卉，制造美丽自然的花景效果

（e）几何景观造型中的不同色彩的地被

（f）挺拔、俊美的树木造型组成了树阵，有很强的现代感

（g）硬质铺地上点缀常绿树，形成较强的对比效果

图8-34　绿化配置

（h）冬季里落叶树的优雅枝条显现出无穷的魅力

（a）靠北边地区的阳光地带的微地形，偶尔植几株阔叶乔木，夏荫浓浓、清净优雅，给人回归自然的感觉

（b）在草坪的边缘，利用时令草本花卉镶边，简洁明快、绚丽多彩

（c）靠南边的小道边以棕榈为主，在植以杜鹃、红枫、剑麻的、红花酢浆草，色彩丰富，层次分明

（d）水景边的微地形，利用矮灌木的造型，形成丰富多采的绿化效果

（e）停留空间边缘的枫树与杜鹃等矮灌木，在秋天显现出灿烂的景色

（f）在规整式的树穴和花池中种植百日草、孔雀草、美女樱等草本花卉，展现出整洁、大方，明快、亮丽的色彩

（g）利用银杏（红枫）作树阵，与环境景观融为一体，整齐划一，优雅大方，具有时代气息

（h）广场上利用修剪整齐的绿篱再缀以造型树和底矮的花灌木（紫薇），干净整洁

（i）乔、灌、草精心组织，有"虽由人做、宛自天开"的效果，尽显中国传统园林的丰韵

图8-35　绿化配置

学生考核评定标准

序号	考核项目	考核内容及要求	配分	评分标准	得分
1	调研现场、收集资料	相关资料是否收集齐全并熟悉环境	10	不齐全扣5分以上	
2	案例研究分析	是否熟悉设计基本流程	10	不熟悉扣5分以上	
3	方案构思、绘制草图	构思要立足当地文化并有较好平面构成	20	创意不好扣10分以上	
4	布置总平面	广场尺度、景点分布等是否合理	20	不合理扣10分以上	
5	景点设计及效果图表现	图面效果良好	20	效果不好扣10分以上	
6	分析设计	各分析图是否合理	10	不合理扣10分以上	
7	景观小品与设计说明	各景观小品是否齐全配套，设计说明条目清晰	10	不齐全扣10分以上	
注：各团队成员成绩由小组长根据老师给定的团队分，再结合成员过程的考核分综合评定					

拓展训练与思考

　　根据老师给定的设计任务书做一个小型景观的设计方案，包括按照一定比例绘出总平面图、功能分区图、景观分析图、局部透视图、单体详图、鸟瞰图等。